户型优化

从格局改造到细节设计

陈烽　著

江苏凤凰科学技术出版社 · 南京

图书在版编目（CIP）数据

户型优化 ：从格局改造到细节设计 / 陈烽著 . --
南京 ：江苏凤凰科学技术出版社，2022.3(2024.1 重印)
ISBN 978-7-5713-2765-1

Ⅰ . ①户… Ⅱ . ①陈… Ⅲ . ①住宅－室内装修－建筑
设计 Ⅳ . ① TU767

中国版本图书馆 CIP 数据核字 (2022) 第 025563 号

户型优化　从格局改造到细节设计

著　　者	陈　烽
项目策划	凤凰空间 / 刘立颖
责任编辑	赵　研　刘屹立
特约编辑	刘立颖
出版发行	江苏凤凰科学技术出版社
出版社地址	南京市湖南路 1 号 A 楼，邮编：210009
出版社网址	http://www.pspress.cn
总　经　销	天津凤凰空间文化传媒有限公司
总经销网址	http://www.ifengspace.cn
印　　刷	河北京平诚乾印刷有限公司
开　　本	710 mm×1 000 mm　1 / 16
印　　张	9
字　　数	200 000
版　　次	2022 年 3 月第 1 版
印　　次	2024 年 1 月第 4 次印刷
标准书号	ISBN　978-7-5713-2765-1
定　　价	49.80 元

序

设计完美的家

27 年前，我踏出同济校门，那时的理想是拥有自己的建筑设计事务所。24 年前，我的头衔是“某某设计院全国注册建筑师”，但那时我已经从设计到施工全方位接触室内设计了。20 年前，我的头衔变成了“同济室内某某有限公司家装分部经理”，那时上海的装修设计行业刚起步，我实际的工作是签单、设计和找施工队伍，以及搭配各个工种、买材料、跑工地、陪业主买家具等。10 年前，我开始在网络上做远程设计，做最纯粹的设计，那时我的标签是只做家居设计的“室内设计师”，全国绝大多数省份都有我设计的家。现在，我的目标是成为“梦想实现师”，通过我的设计、我的书，让更多的人拥有梦想中的家。

我每次给业主做设计时，都会让他们填一张设计调查表，其中相当大的篇幅是让业主描绘她（他）内心理想状态下的家的样子，而我的任务就是通过挖掘房子潜力来实现业主心中的梦想，可以相当自豪地说，每个我设计的户型基本都达到了这个目标。

写上一本书《家居设计之本：户型优化》时，我曾信心满满地觉得每个看过书的业主都会迫不及待地去找个心仪的好设计师来开始自己的装修，但现实是大部分读者反映更喜欢自己动手装修或是实在无法辨别一个设计的好坏，而我撰写本书的目标就是希望通过深入浅出的设计解析，让更多的业主能在装修自己家的过程中从整体思路到局部细节进行全方位地把握，也让他们能对一个住宅设计的好坏有个基本的判断。

家居设计本身是非常专业的事情，如果经济条件允许，装修中最好还是请一个自己心仪的设计师来操作，业主可以把在本书中学到的知识与设计师进行深入的沟通交流，这样也能对他们做的设计图有一个精准的评判。

我曾与一些初入行的设计师朋友交流，他们觉得从理论到实践这一步总是比想象的要难很多，很多时候都是摸着石头过河。这本书也许能帮助设计师朋友找到一些方法，书中所有的案例都是本人工作中的真实案例，其中业主的需求、设计解决思路和方法等也都是案例中真实存在的，有些案例中的问题的解决思路具有特殊性，初入行的设计师也可以顺着书中的思路，体验现实中的设计过程。

设计无止境，本人也是设计界的一个小学生，希望能做到老学到老，和大家一起进步。

陈烽

目录

1 “秒懂”空间　掌握 5 种空间规划法

2 一学就会　牢记 5 个空间规划重点

3 更好住的家　6 种格局改造实例

1

“秒懂”空间
掌握 5 种空间规划法

家里乱不乱，玄关是关键

玄关乱糟糟不能忍，从进门 $1m^2$ 就开始精致

玄关是进家的第一站，出门的最后一站，玄关设计得是否合理、巧妙，关系到居者的生活效率。玄关的复杂性在于它功能的多样性、模糊性以及牵一发而动全身的特性。通过玄关完成从工作、购物、游玩等社会人状态与居家状态的相互转换。在户外穿的鞋子、衣服、使用的物品等都要在玄关更换。

玄关物品清单

☑ 衣物相关类：鞋子、外套、帽子、围巾、包、手套、口罩、换鞋凳、鞋拔、鞋套、更衣镜、储物柜；

☑ 快递相关类：快递件、剪刀、裁纸刀、签字笔、抹布等；

☑ 运动交通类：球、球拍、滑板、轮滑鞋、钓鱼竿、自行车、婴儿车、登机箱、登山包、帐篷、睡袋、置物架、储物柜；

☑ 清洁用品类：湿纸巾、干纸巾、卫生巾、消毒酒精、创可贴、红药水、护手霜、化妆棉、棉签、防晒霜、香水、一次性口罩、扫地机器人、插座、盥洗台；

☑ 闲置换季类：换季棉被、换季衣服、旧衣服、风扇、旧家电、折叠椅；

☑ 其他：公交卡、门禁卡、零钱、购物袋、钥匙、眼镜、雨伞、雨衣、充电宝、耳机、皮筋、梳子、发卡、黑板墙。

是不是很惊讶，印象中小小的玄关竟然需要放这么多东西，这些东西如果能够第一时间放在玄关，那么客厅、餐厅、厨房甚至书房、卧室的收纳压力会大大减轻，整个住宅会相对干净、易清理。

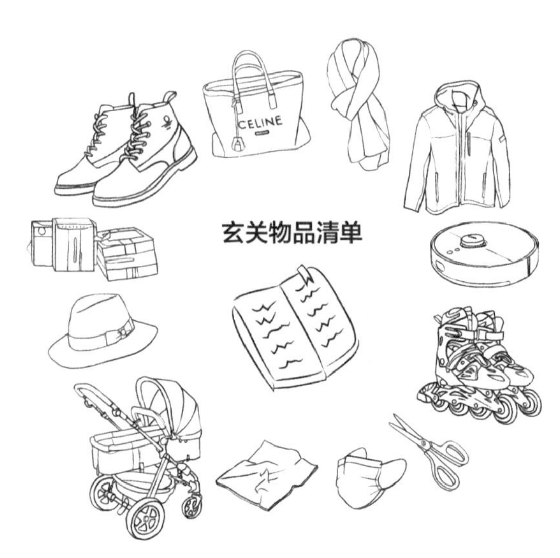

由小变大的关键设计

案例 1

改造前

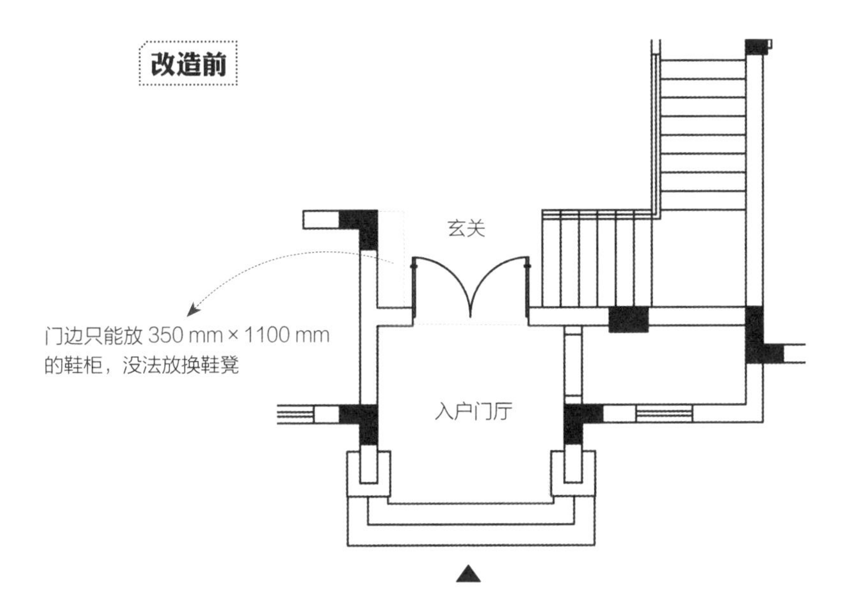

改造后

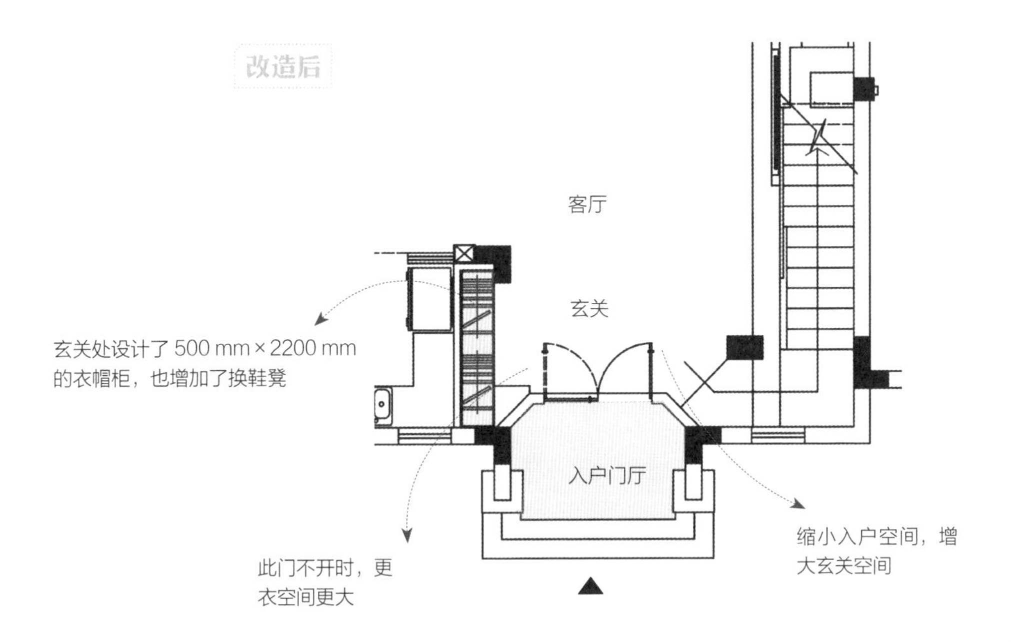

案例 2

改造前

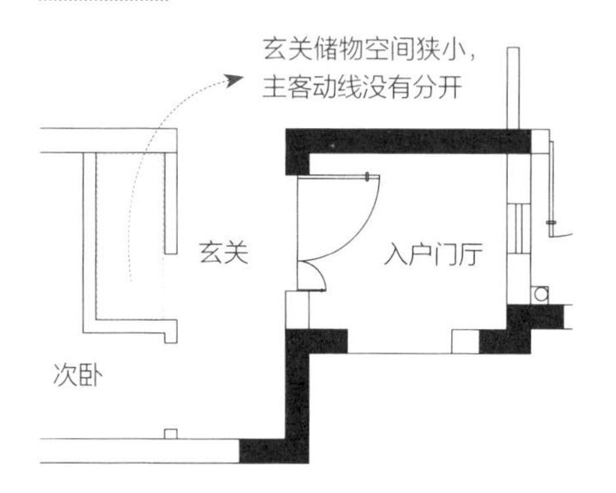

改造后

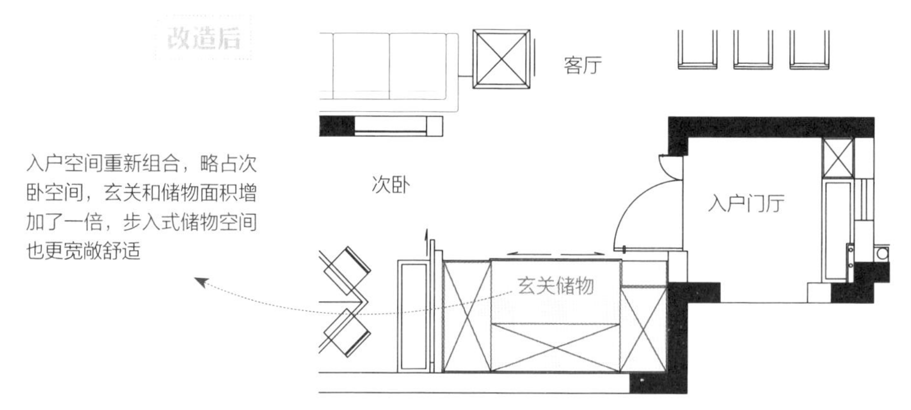

特别提示

如果无论怎么设计，都无法把玄关合理扩大，那就把最需要的功能留在玄关，如小物件临时摆放、更衣镜、换鞋凳、挂衣处等。

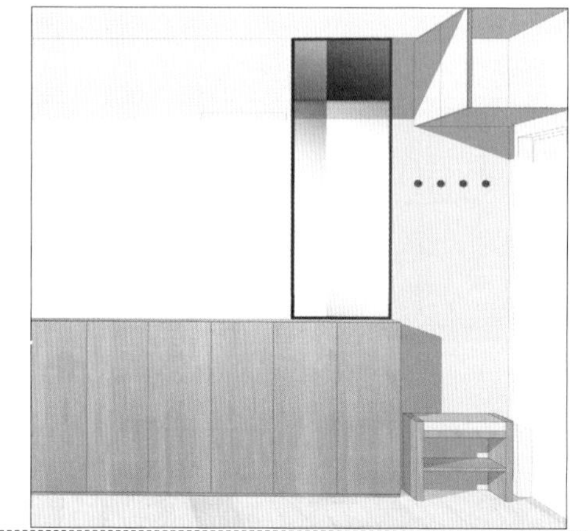

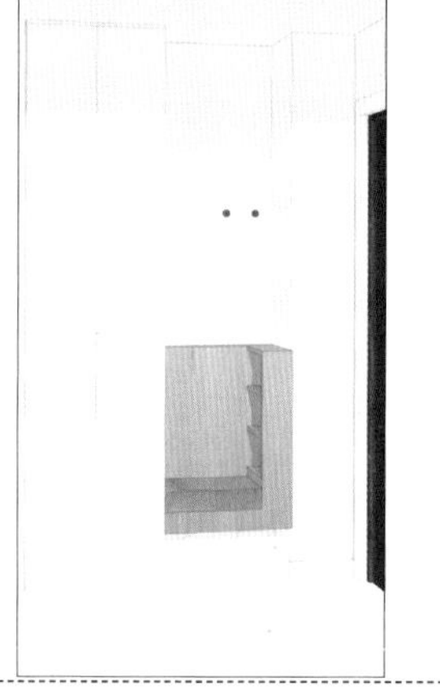

双玄关设计 让家更整齐

所谓双玄关设计就是将客人和主人的进出动线分开。客人来访时，可以在入户门边换鞋，再进到客厅。为避免被客人看到一些私用物品，主人回家后可以进到一个客人看不到的地方，把手上的包包、雨伞、婴儿车等放好，换鞋、挂外套、挂帽子等。如有可能最好能在玄关洗手、帮宠物洗脚，然后进厨房或者客厅；如果家中有保姆，保姆进门后可以直奔厨房，不用穿过客厅。

玄关动线设计和玄关空间有腾挪余地，是完美玄关的两个方面，缺一不可。 左图中玄关面积足够大，柜子也足够多，但进门第一眼看到的却是凌乱的鞋子，这不能说整理得不够，也不能说换鞋的人太偷懒，只能说没设计好。该设计的缺陷在于，一没有给日常穿的鞋子留出位置，二没有把需要隐藏的区域隐藏好。

案例 1

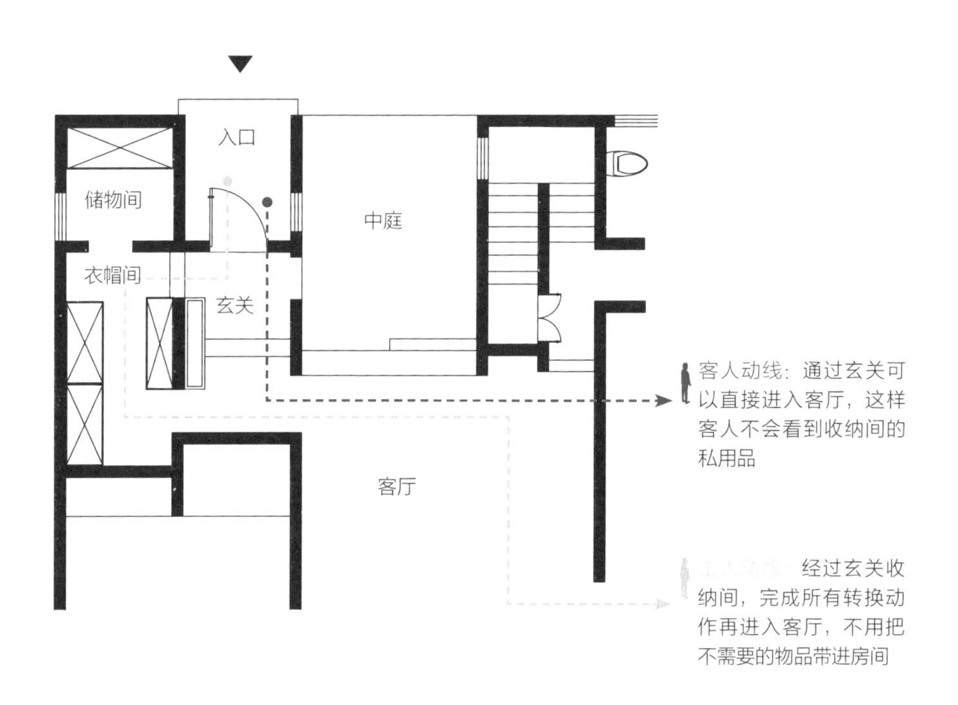

案例 2

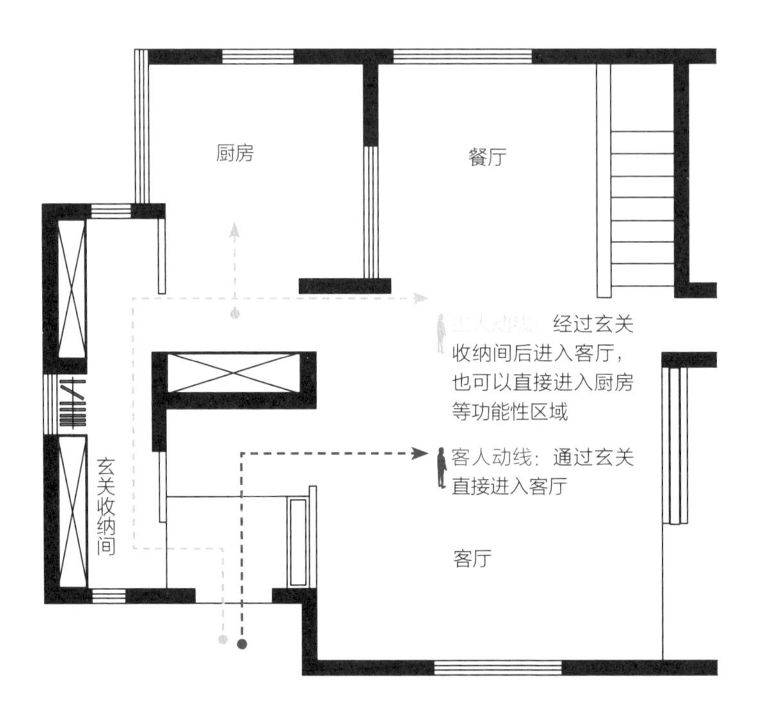

案例 3

将儿童房缩小 0.4 m^2，取消 0.8 m^2 的客卫淋浴，缩小卫生间，增加 1.2 m^2 的玄关储物柜，设计出一个完美的双玄关双洄游动线布局。

这样，外面带来的物件就不用被带到客厅、卧室等，这些房间就可以整洁很多，并且动线简短顺畅，空间多变而有趣，大大增加了居住乐趣。

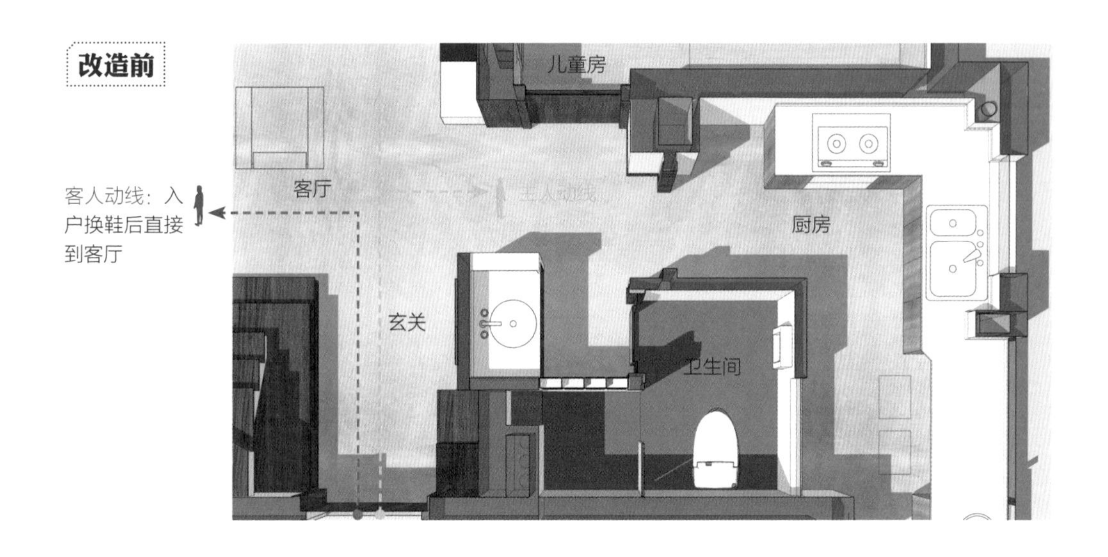

主人、保姆动线：在门口或储物玄关换鞋，将手上东西安置好，更衣或洗手后到客厅或厨房

改造后

客人动线

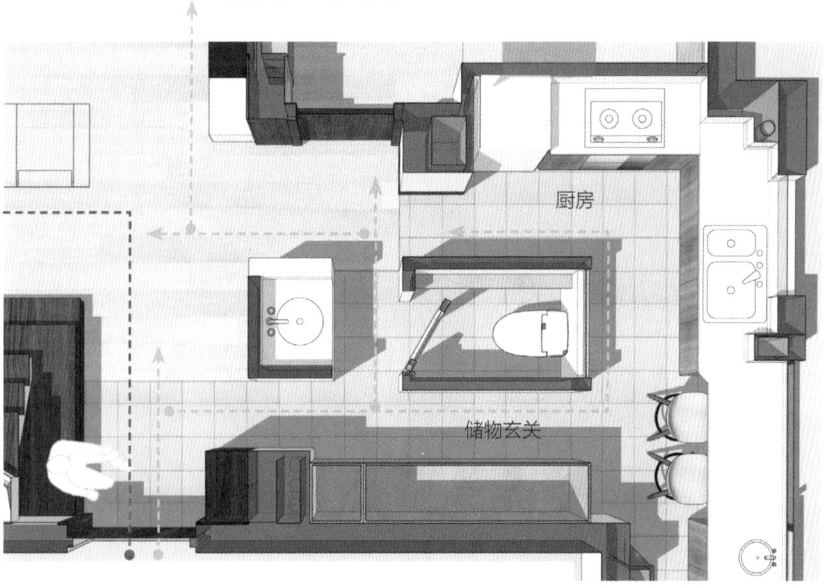

厨房

储物玄关

比较遗憾的是很多户型先天不足，特别是老房子的户型能做出一个小玄关就不错了。不过，现在的开发商已经越来越重视玄关功能，玄关的面积也越来越大，自由度也在加强，相信以后的房子会出现越来越多的完美的双玄关。

下沉式玄关

日式玄关和室内地面有高差，这样不但可以阻隔灰尘，还能加强内外区域的划分，增加出入家门的仪式感，并且玄关还能成为短暂的待客区。

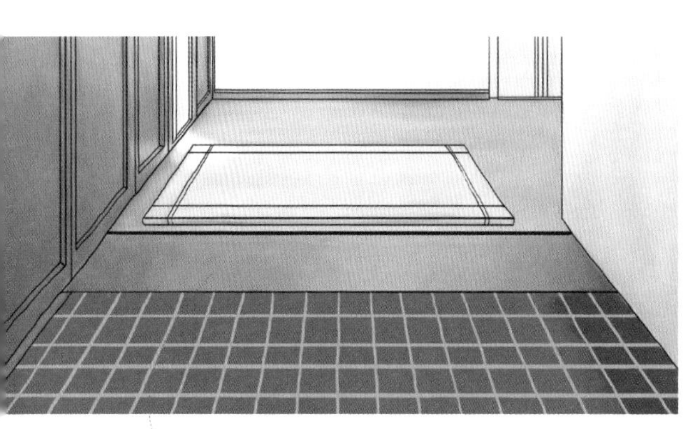

地板抬高形成下沉玄关

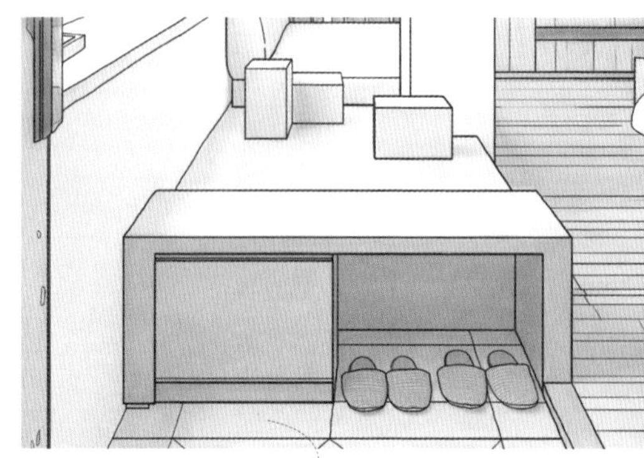

玄关不做地暖形成的下沉玄关

家的颜值担当

提升品位、展示个性

正对门的墙或者屏风上，一般会挂主人喜欢的画或摆设一些有个性的装饰品，目的是给进家门的主人以欢迎感、温暖感、归属感，给客人以美好的第一印象。

遮挡视线、分隔空间

有些户型，进门就是大空间，这种情况下就需要分隔玄关区域，并遮挡入户到客厅的视线。

半透设计对玄关和客厅做了区隔，又增加了玄关的明亮度和趣味性

更衣柜

既是陈列台又是换鞋凳，并连接了空间深浅色区和虚实区

区隔空间

当受户型限制，无法用实墙做玄关时，可以用饰品、灯具等吸引视线，从而忽视其他不愿意被关注的点。

吸引视线并区隔了空间

好用的厨房这样设计才合理

合理的厨房布置顺序

民以食为天。食，离不开厨房、餐厅，而厨房、餐厅的设计是住宅设计中的重点也是难点。

首先确定冰箱的位置。活动沥水架、悬挂沥水架、洗碗机三者取其一，放在水槽右边会更顺手。悬挂沥水架相对活动沥水架会使台面更整洁、高效率。

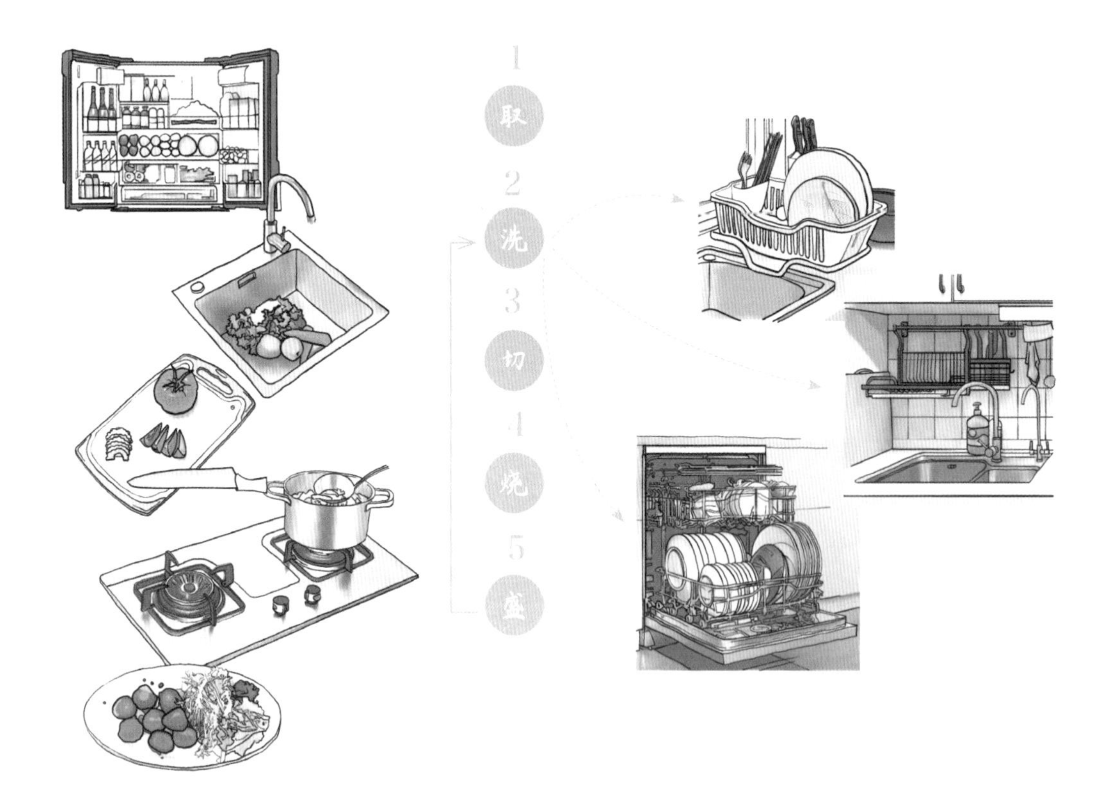

水槽和炉灶之间的操作区长度最好大于 600 mm，其他操作区长度最好大于 300 mm。

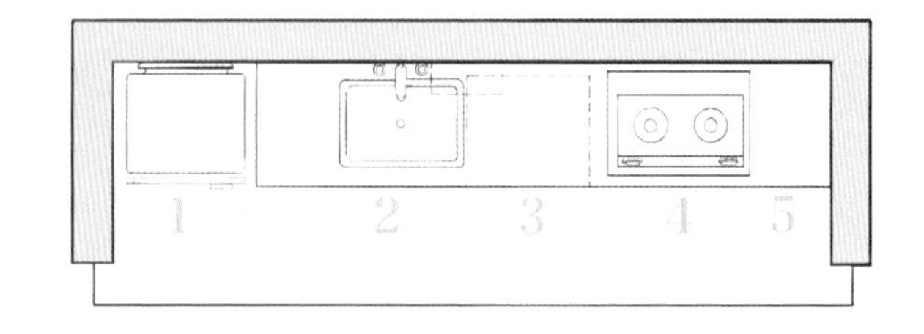

厨房的六种布局类型

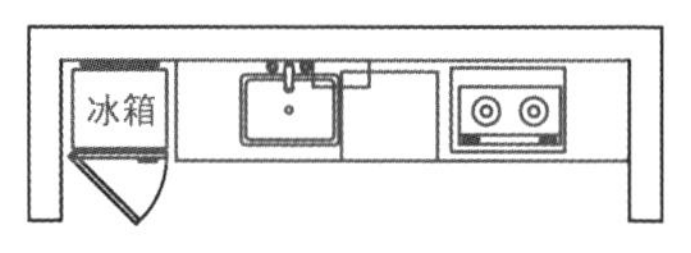

I 形
I 形厨房布局适合狭长形厨房。
如果台面太短，会不够用；如果台面太长又增加了来回走动的时间

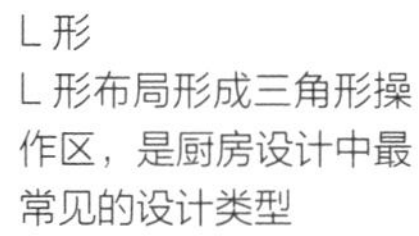

L 形
L 形布局形成三角形操作区，是厨房设计中最常见的设计类型

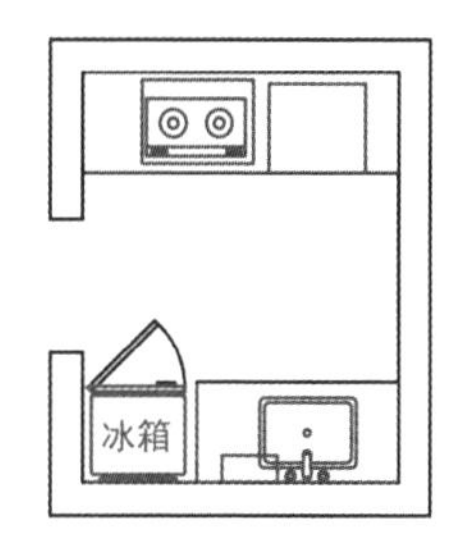

II 形
从水槽清洗食物转到对面台面切、炒，食物容易污染地面

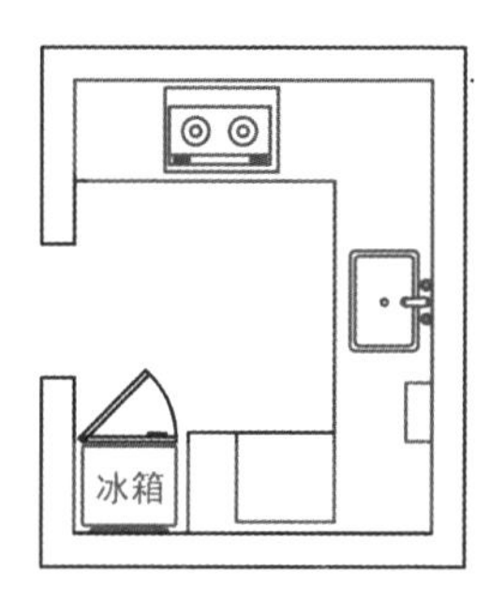

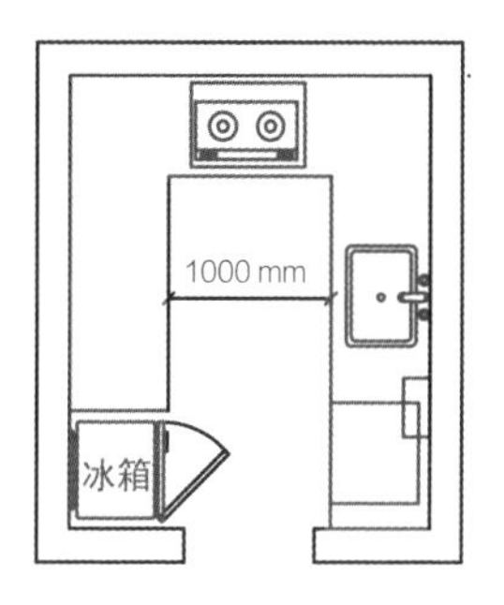

U 形
相同面积的厨房，U 形台面总长度最长。厨房门开在墙的短边比在长边利用率更高，不过要注意的是对面柜之间的过道距离要大于 900 mm

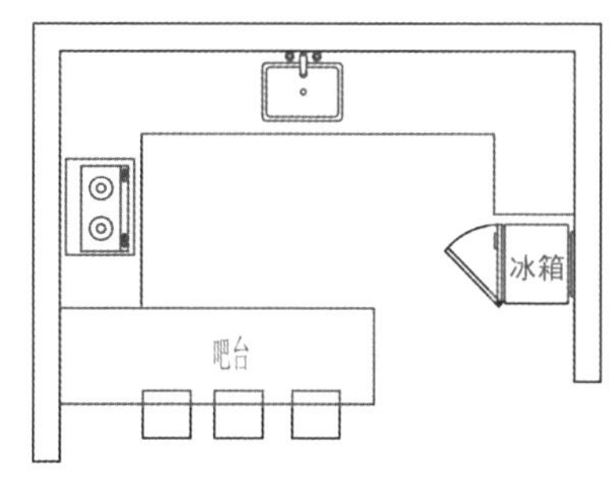

G 形
在 U 形的一边再多出一组相对垂直的橱柜，就是 G 形

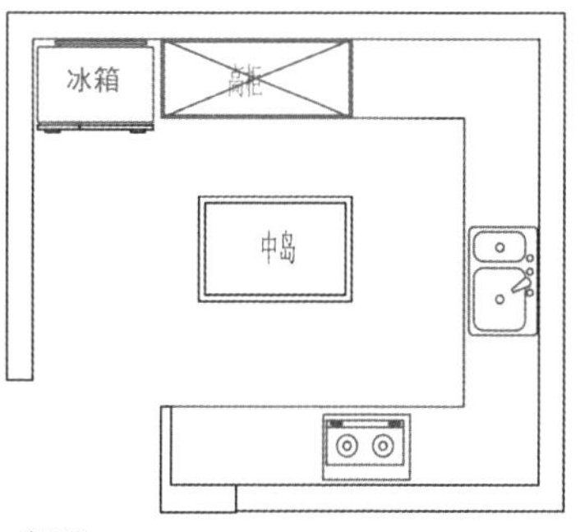

岛形
在 L 形、II 形或 U 形中间加一个方形或者长方形操作台面，就是岛形

窗户位置对布局的影响

考虑到清洗食物对采光的需求，水槽一般安装在靠窗位置。抽油烟机一般不能挂在靠窗的位置，如果某些特殊房型炉灶只能对窗，可使用下排风的集成灶，这样既满足了开窗的需求，又兼具了美观性。

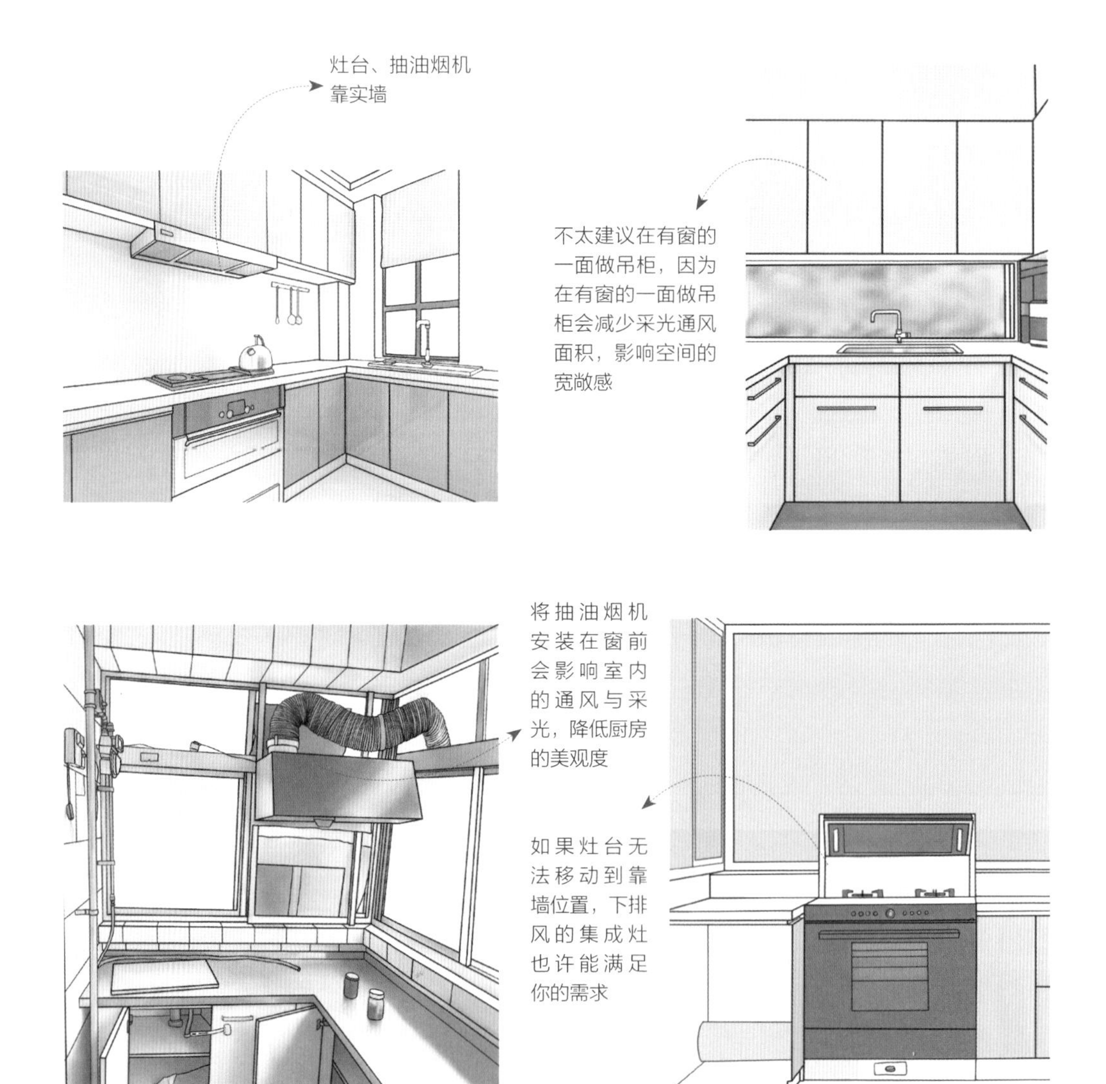

烟道位置对布局的影响

如果厨房的烟道位置不合理，会影响橱柜台面的布局，也会给厨房设计造成障碍。

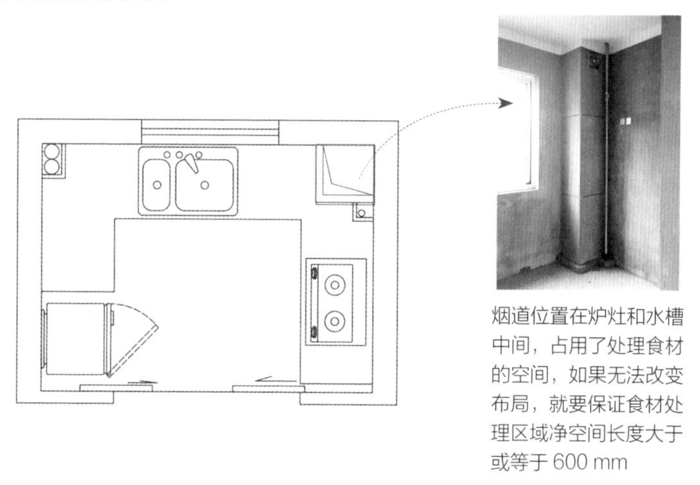

烟道位置在炉灶和水槽中间，占用了处理食材的空间，如果无法改变布局，就要保证食材处理区域净空间长度大于或等于 600 mm

下面是一套成都大平层，业主非常希望有个开放式厨房，但因承重墙太多，费了很多周折，最终的设计方案超预期实现了业主的这个梦想，最关键的是炉灶到烟道距离不到 2 m，完全符合要求。

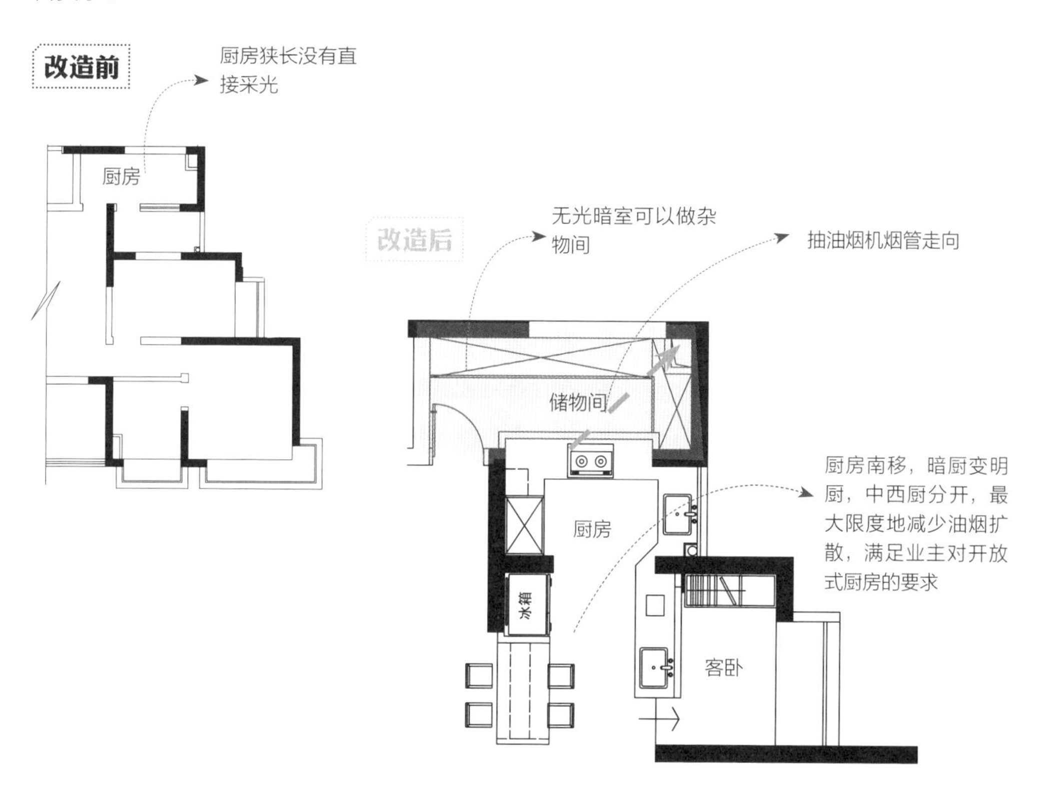

厨房设备的内外关系

冰箱、炉灶、水槽在厨房中的摆放位置，要综合考虑家人的活动路径，以方便使用为首要考虑标准。图中冰箱放在 3 的位置最合理，因为人在不炒菜的时候对冰箱也有很多需求，水槽放在 2 的位置，以满足平常洗手、洗东西的需要。炉灶放在的位置，使用频率相对较低又可以减少油烟的扩散。

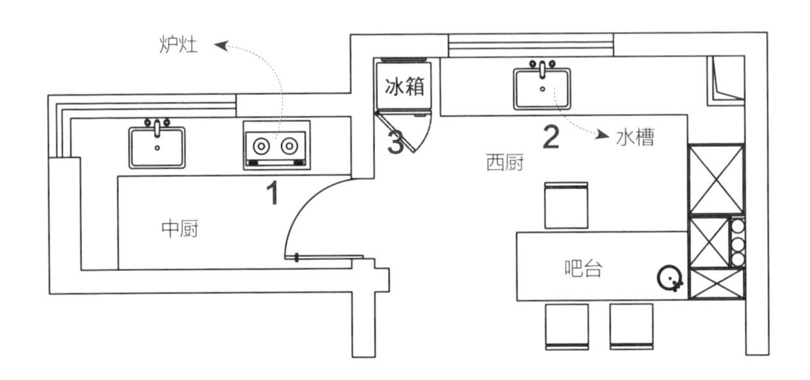

厨房和餐厅分与合的优势

厨房和餐厅分隔的优势

☑ 阻隔厨房油烟

☑ 遮挡厨房杂乱物品

☑ 可以不受打扰地做饭

厨房和餐厅一体的优势

☑ 空间开阔

☑ 出入方便

☑ 内外交流顺畅

☑ 通风采光更好

☑ 动线合理简短

☑ 审美需要（现代橱柜的设计很漂亮，完全可以当作餐厅或客厅的视觉背景）

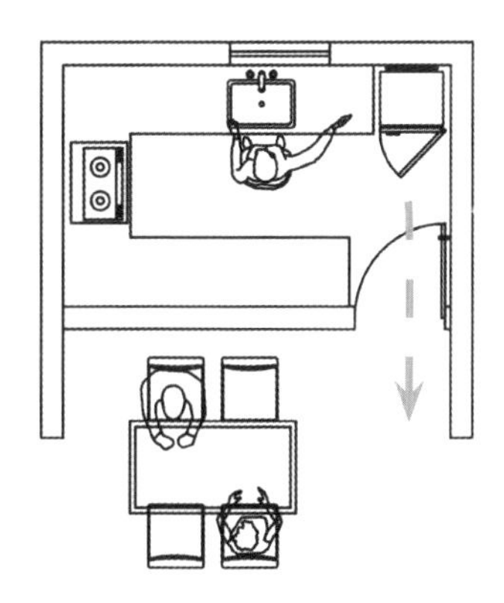

餐、厨完全分隔

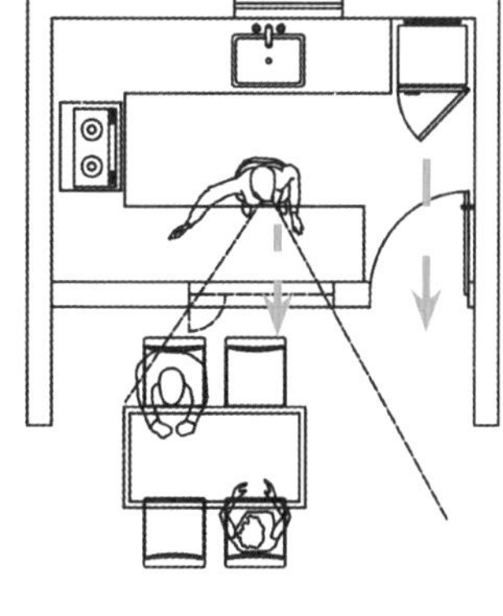

隔墙开窗

用下拉帘或者平开窗来分隔，这样可适当增加通风采光，也便于内外交流

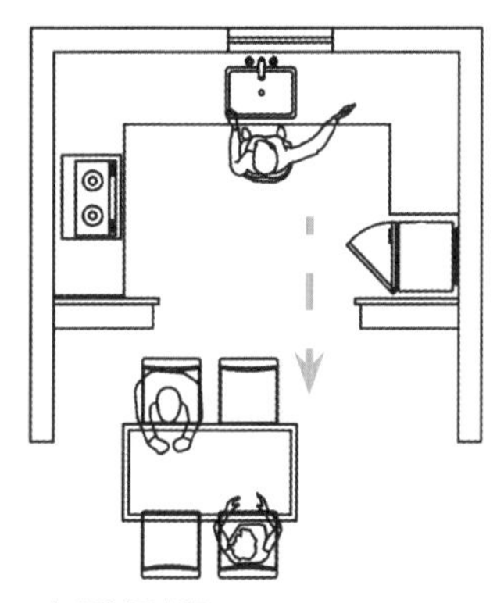

玻璃移门分隔

增强空间的宽敞感，出入方便，在厨房的人和在餐厅的人有一定的交流，通风采光好

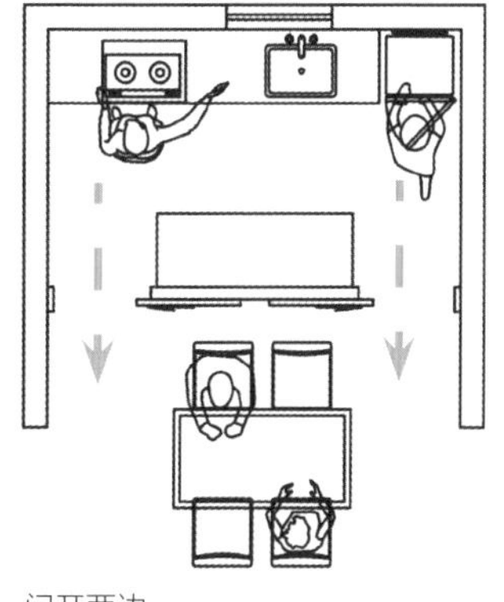

门开两边

动线自由，出入方便，但是减少了橱柜面积，某些特殊房型可以借鉴

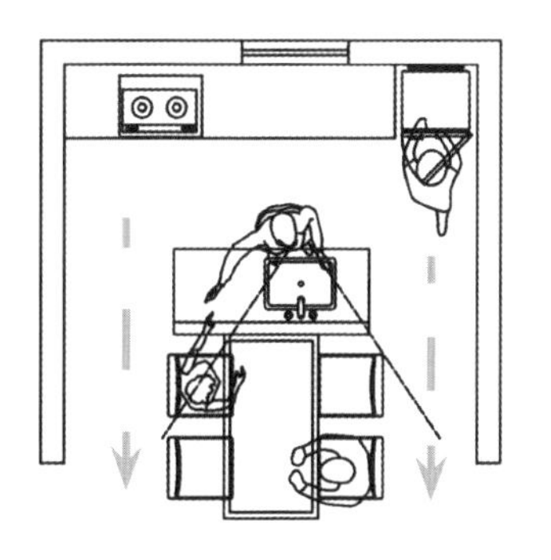

开放式餐厨

空间更开阔，内外交流更顺畅，通风采光更好

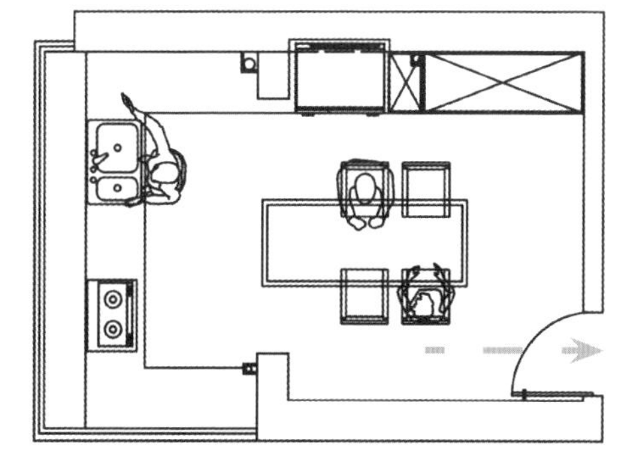

餐、厨完全融合

交流顺畅度相对中岛弱一些

餐、厨半分离

炉灶位于房子一端，中厨与西厨或者餐厅间完全敞开不用门来分隔，其实就是分而不隔离，使中厨与餐厅之间的面积比、功能和动线都达到平衡。

改造前

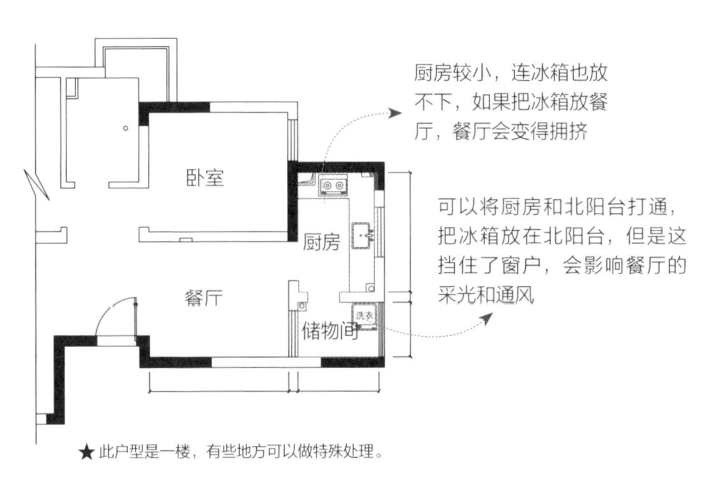

★此户型是一楼，有些地方可以做特殊处理。

改造后

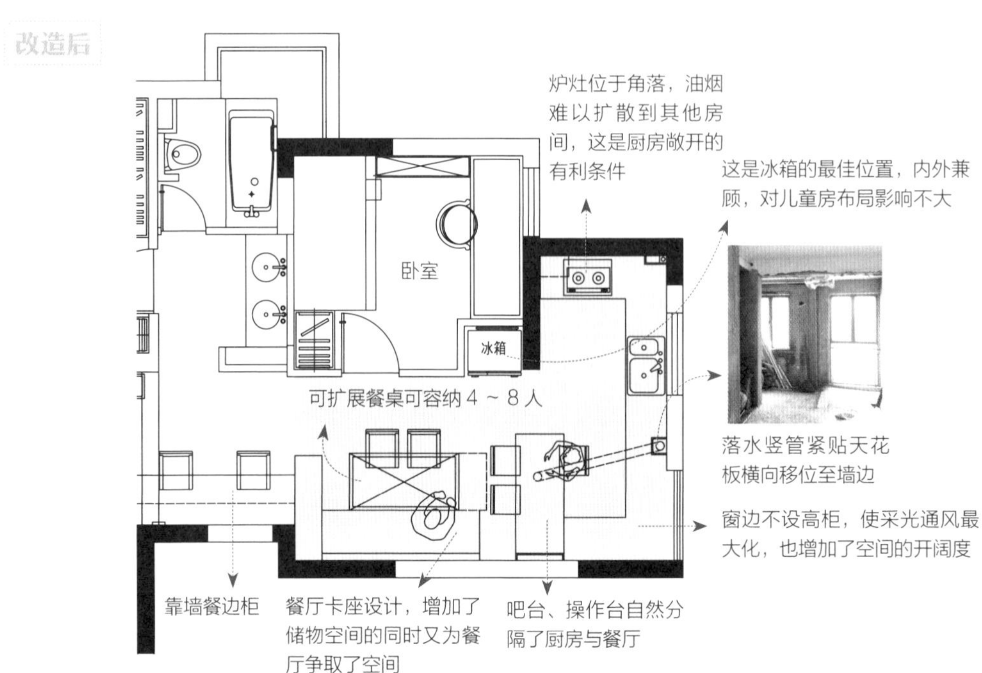

改造前

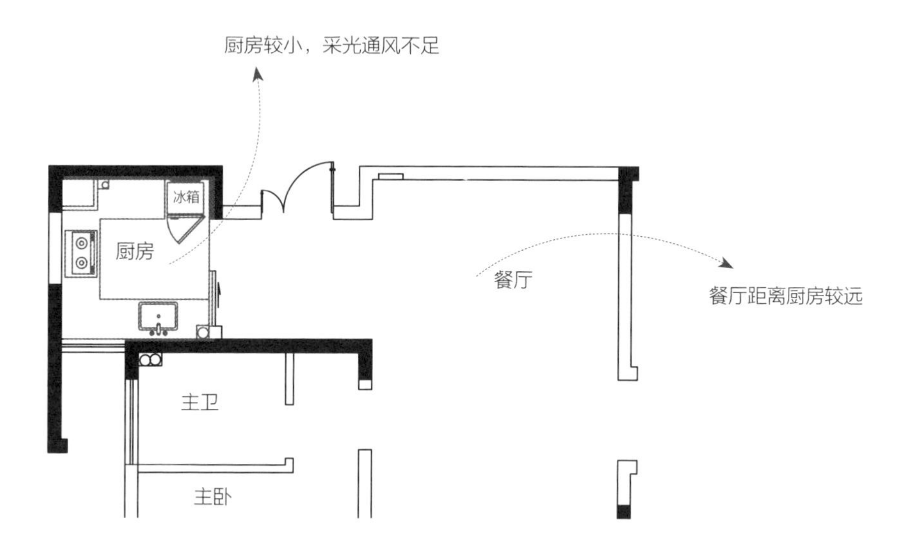
厨房较小，采光通风不足
冰箱
厨房
餐厅
餐厅距离厨房较远
主卫
主卧

改造后

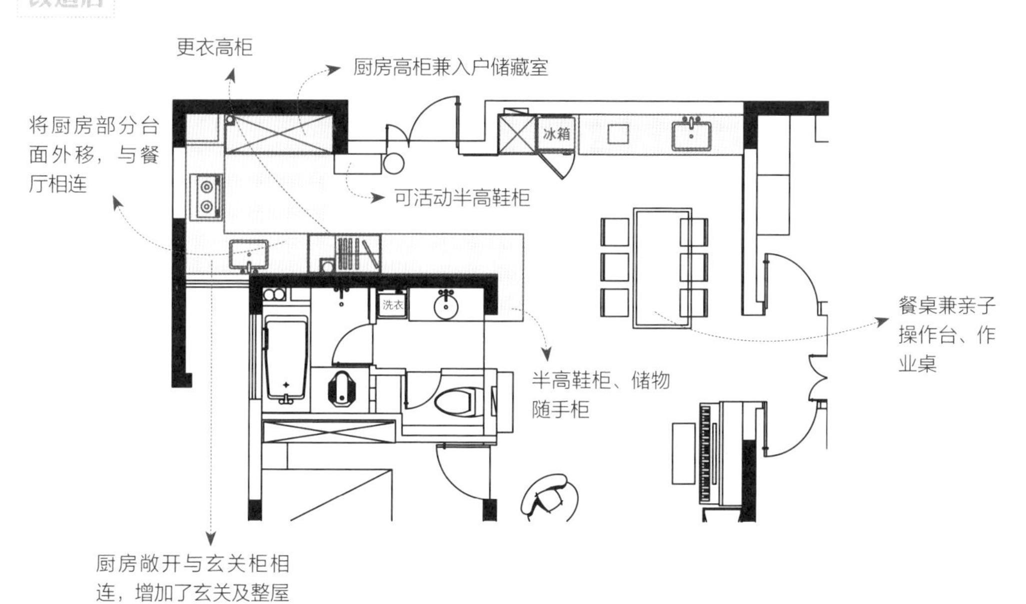
更衣高柜
厨房高柜兼入户储藏室
将厨房部分台面外移，与餐厅相连
冰箱
可活动半高鞋柜
洗衣
餐桌兼亲子操作台、作业桌
半高鞋柜、储物随手柜
厨房敞开与玄关柜相连，增加了玄关及整屋的通风与采光

餐、厨完全融合

这是一栋五层联排别墅，业主最看重的餐、厨部分是改造的难点。联排别墅都有南北进深过长的问题，通风采光相对差。此户型餐厨空间设计的关键是怎么充分利用靠窗空间，以便最大程度地引入自然光。

改造前

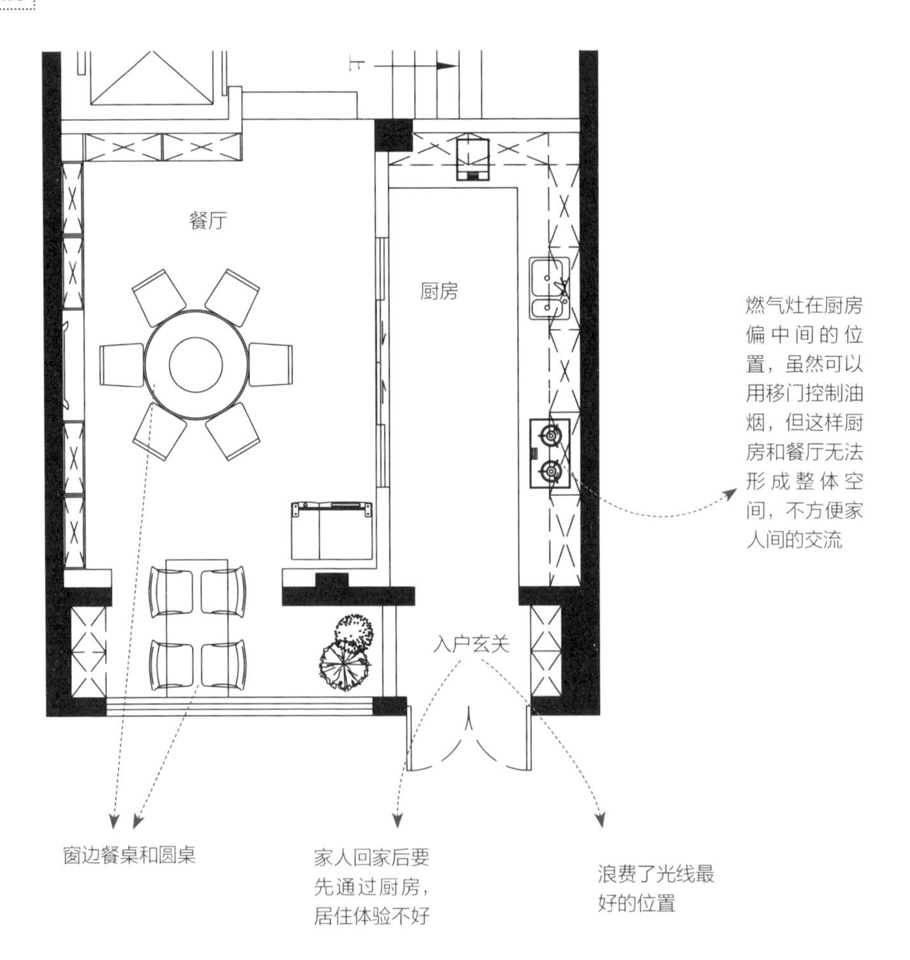

改造后

中岛兼吧台和早餐桌，厨房空间尽显宽敞与大气

冰箱位于中西厨之间

充分利用窗边最佳位置，引入通风和采光

将燃气灶设置在角落

鸡肋位置改入口，形成天然的入口玄关

冰箱

厨房

餐厅

入户玄关

移门可分隔餐厨区与客厅

餐桌位光线最佳，用餐聊天皆是享受

人移景异，装饰精巧

高柜内退，既减少了空间带来的压抑感，又可设一陈列，增加空间趣味性

转角镂空，可以作为厨房小家电区

业主收藏的各种碗碟终于有了展示的地方，陈列架灯光是偏暗角落的自然补光

中岛大理石纹与木纹结合，高雅精致，木色壁柜和吊顶将厨房框裱起来，构成一幅立体画作

木纹装饰的玄关入口是厨房的延伸。强调了空间的简约、大气

中厨与西厨、餐厅完全分离

中厨与西厨、餐厅完全分离是餐厨关系中比较合理的方式，既可以适当控制油烟的扩散，又可以拓展厨房面积，还可以增加家人交流的机会。

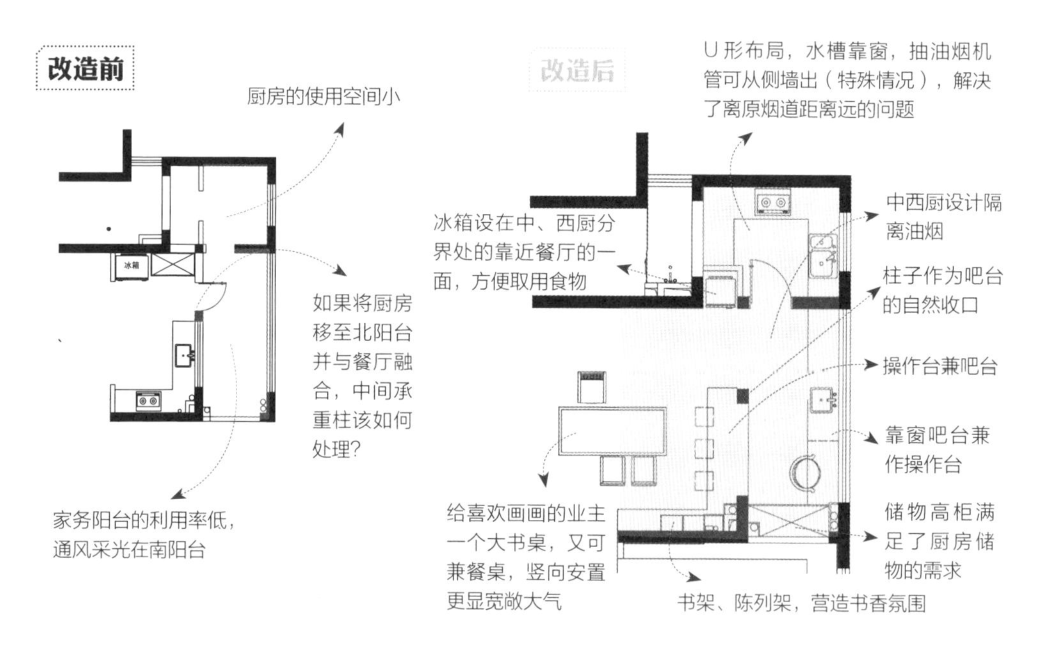

卧室内部空间的腾挪

床边过道，哪边空间要留大一点？

从空间性价比及使用时长上来看，柜边留 500 mm，方便衣柜使用即可。如果是平开门衣柜，可把不常用的衣物放在最里面的柜门里，取用时把床头柜移出来即可。尽量把空间让给窗边，这样居者可以在此舒服地享受窗边时光。

案例 1

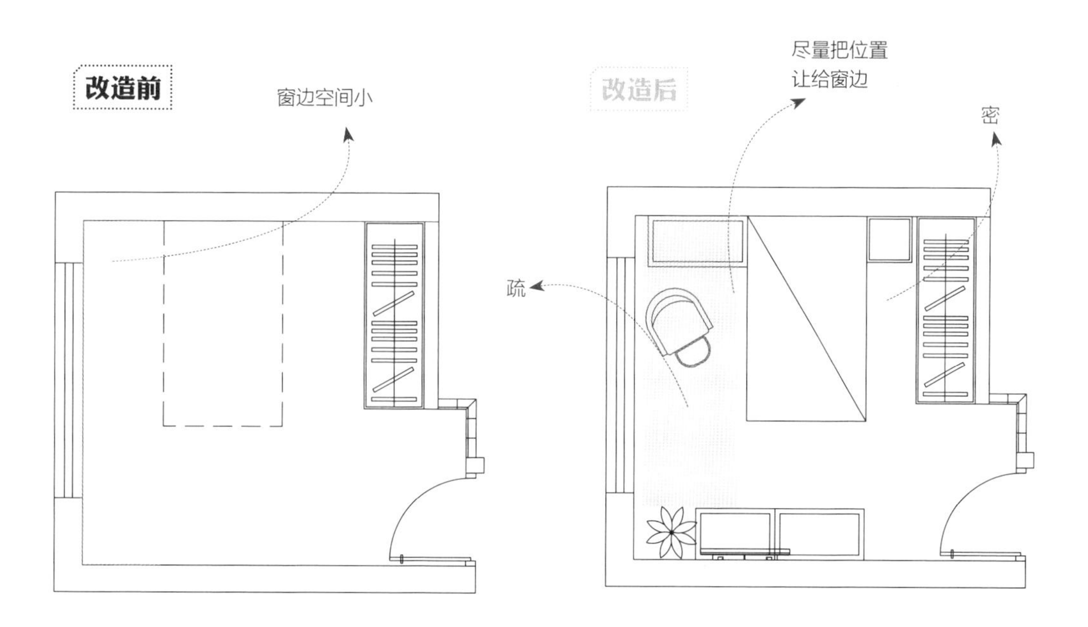

岛台、吧台和餐桌

中岛型吧台有两个缺陷：

①中岛的高度一般要比普通桌子高 80 ~ 100 mm，所以坐着的时候脚无法踩实地面，比较适合作为早餐台或者短时闲聊区域；

②观看者能看到操作者备餐或者洗刷，如果比较凌乱的话，可能会引起不适，一般适合做简便备餐。居住者可以根据实际情况灵活变通。

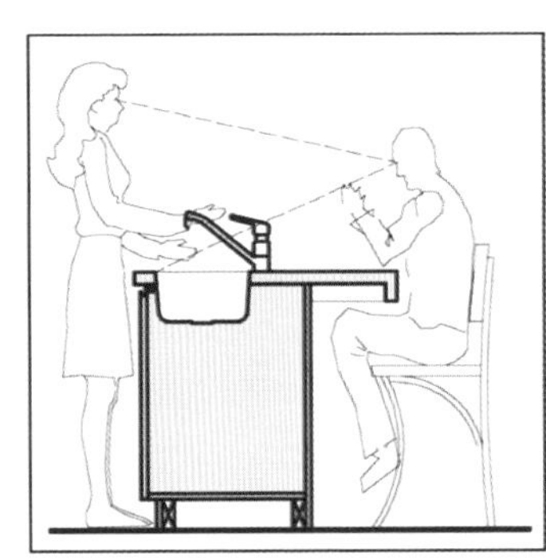

脚无法踩实地面，视线也能看到厨房凌乱的状况

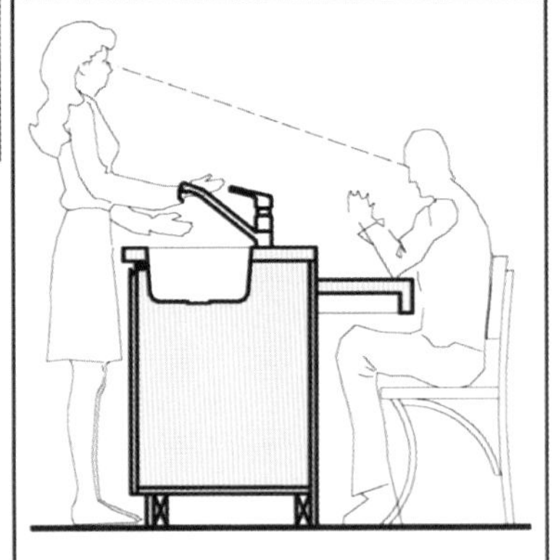

降低座椅高度，脚能落地，也不影响家人间的交流，适合台面兼餐桌的情况

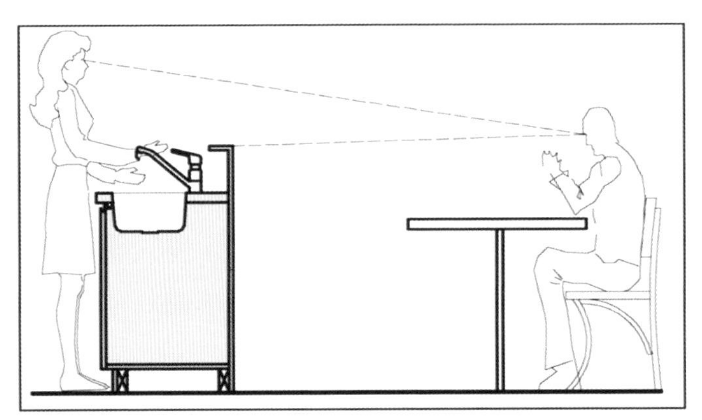

在中岛外围设 200 mm 高的挡板，不但可以遮挡操作者的手部动作及不干净的碗、碟等，内凹处还可以放些瓶瓶罐罐

餐桌伴侣——餐边柜

餐边柜是餐桌伴侣，是餐厅不可或缺的收纳柜，可以收纳餐桌上乱七八糟的东西。当然餐边柜也是餐厅气氛的营造柜，在台面上放置合适的饰品、装饰画等会营造温馨的氛围。

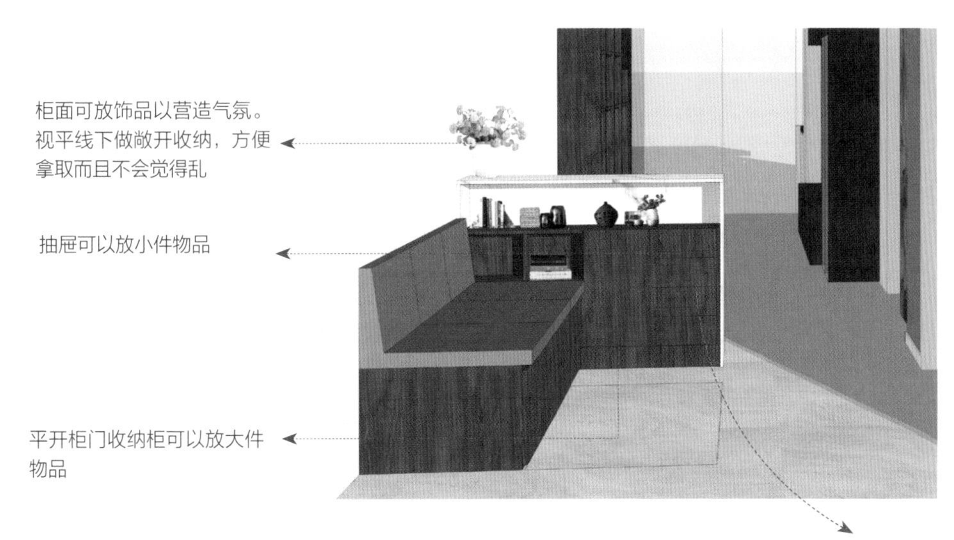

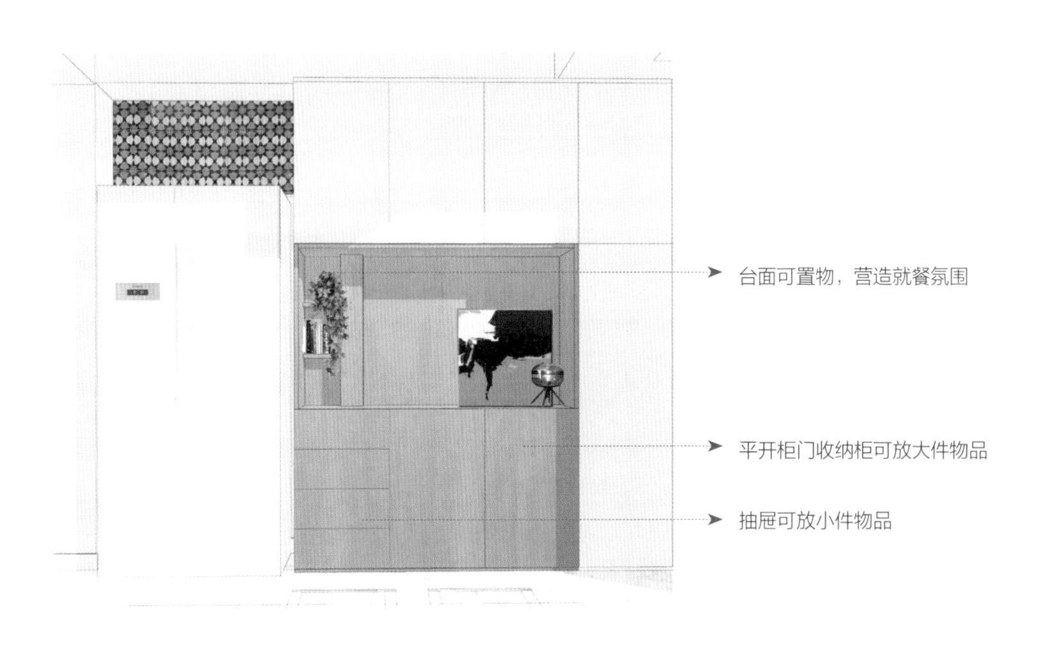

案例 2

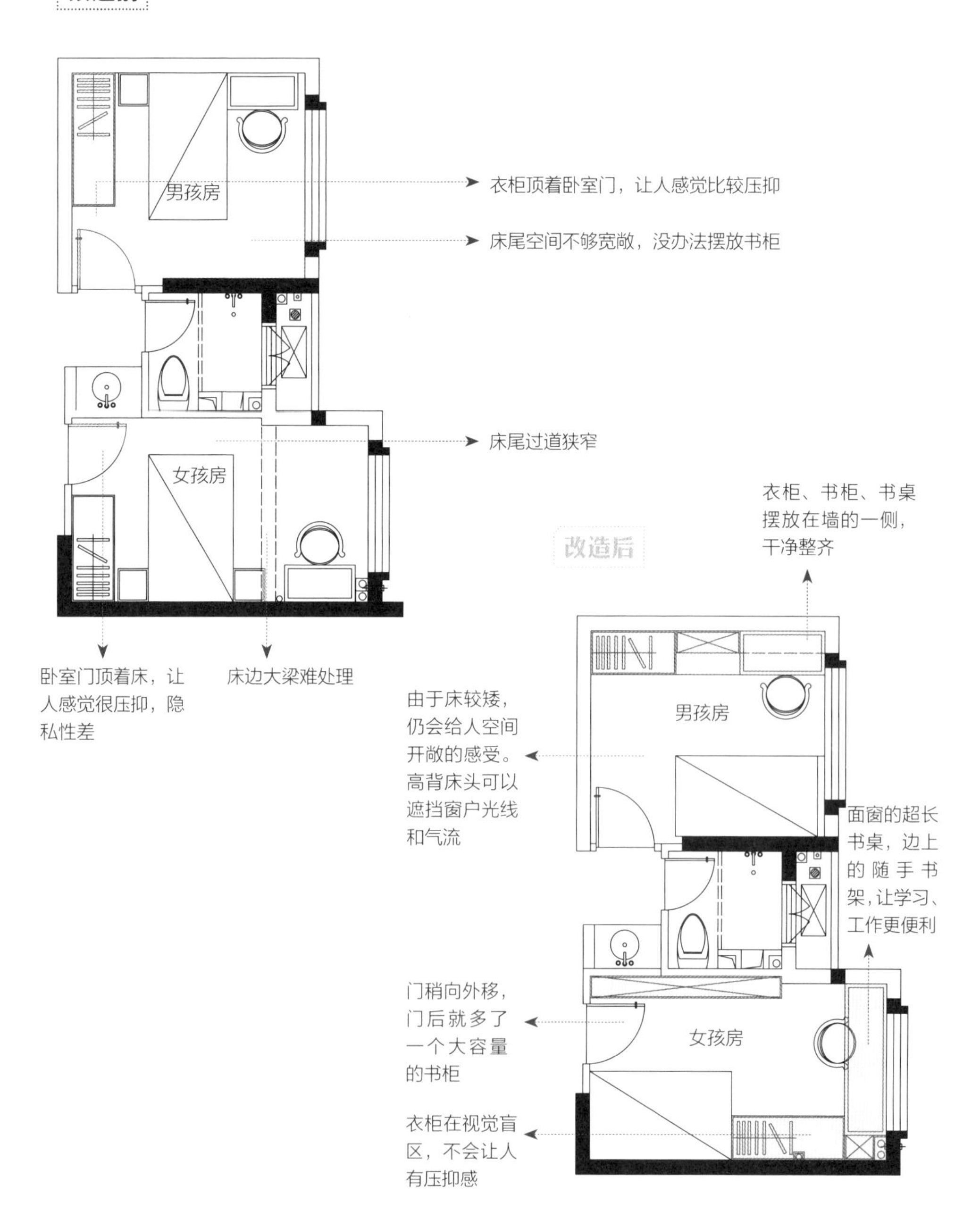
改造前
男孩房
衣柜顶着卧室门，让人感觉比较压抑
床尾空间不够宽敞，没办法摆放书柜
女孩房
床尾过道狭窄
卧室门顶着床，让人感觉很压抑，隐私性差
床边大梁难处理
改造后
衣柜、书柜、书桌摆放在墙的一侧，干净整齐
男孩房
由于床较矮，仍会给人空间开敞的感受。高背床头可以遮挡窗户光线和气流
面窗的超长书桌，边上的随手书架，让学习、工作更便利
女孩房
门稍向外移，门后就多了一个大容量的书柜
衣柜在视觉盲区，不会让人有压抑感

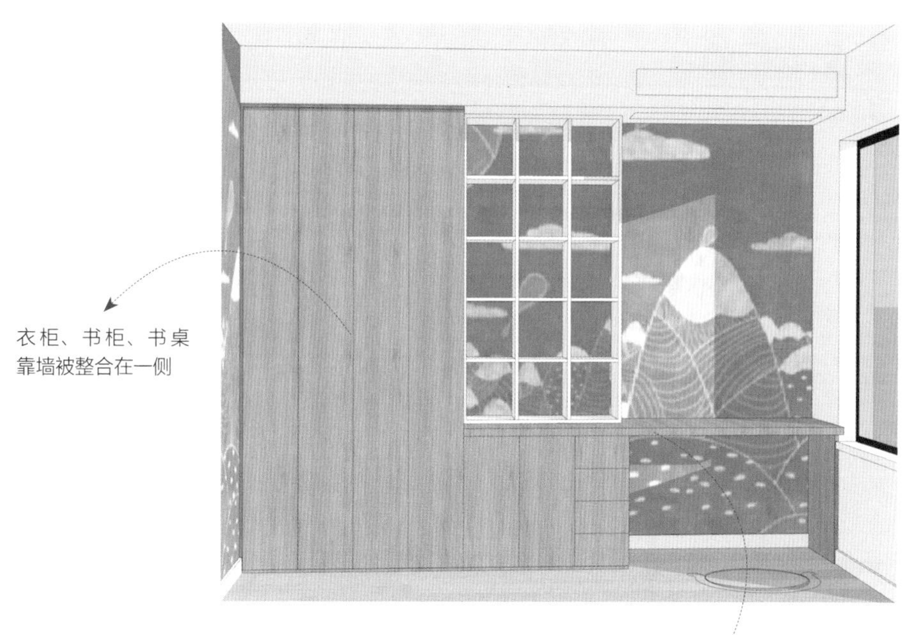

衣柜、书柜、书桌
靠墙被整合在一侧

L 形墙纸使虚实空间连接更紧密，增加了空间的艺术性和趣味性

特别提示

大梁到底该怎么处理?

常用的方法就是在窗边把梁吊平，但这样做一方面使空间缺少了趣味性，另一方面壁挂空调也失去了最合适的安装位置。此案例通过"围魏救赵"的方式，将左边白色书柜、右边白色衣柜和白色梁组合在一起，使三者组成了一个立体门洞，而下面的白色书桌板又在一定程度上打破了空洞感。巧妙地将梁化为无形了。

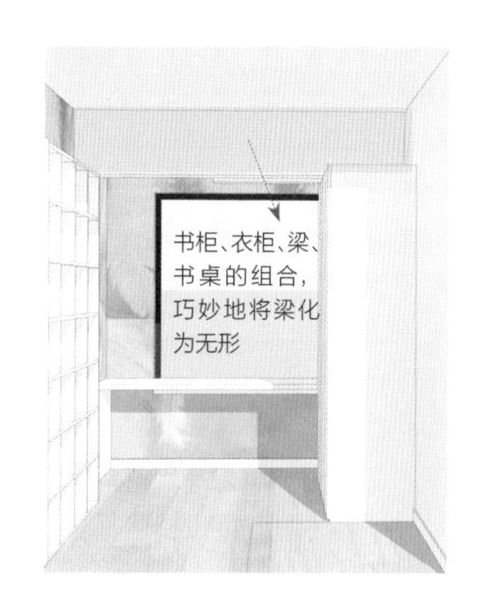

卧室衣柜的升级

如果卧室空间不大，大体量的衣柜容易给卧室空间带来压抑感，设计时尽量将衣柜入墙或者升级为步入式衣帽间。L 形衣帽间的好处是容量大、易打理，没有大衣柜的卧室空间更有亲和力。

案例 1

改造前

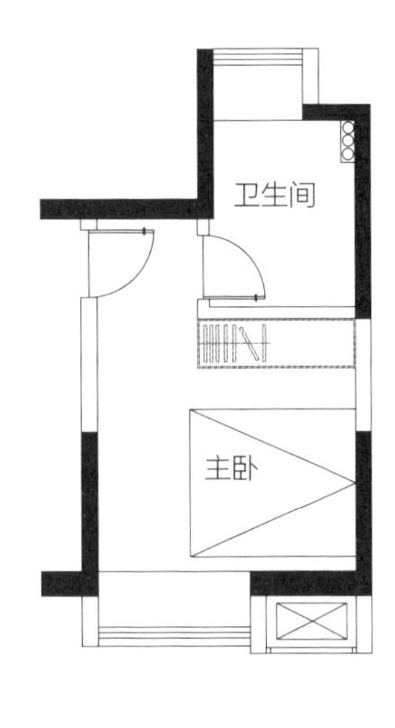

改造后

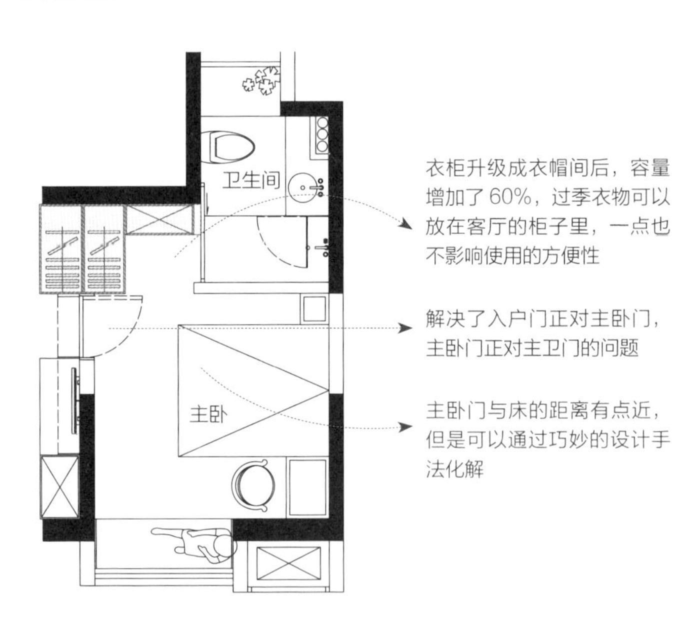

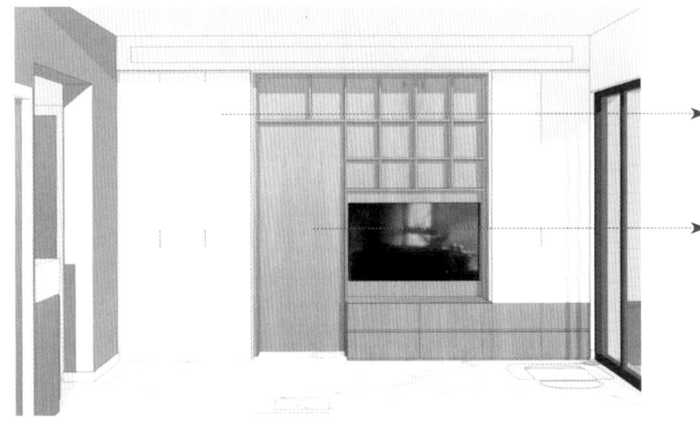

此柜作为卧室衣帽间的拓展，用于放主卧过季衣物，也解决了入户门正对主卧门的问题

主卧门做成隐形门，整合在内凹的电视墙内，在一定程度上分散了看向主卧的视线

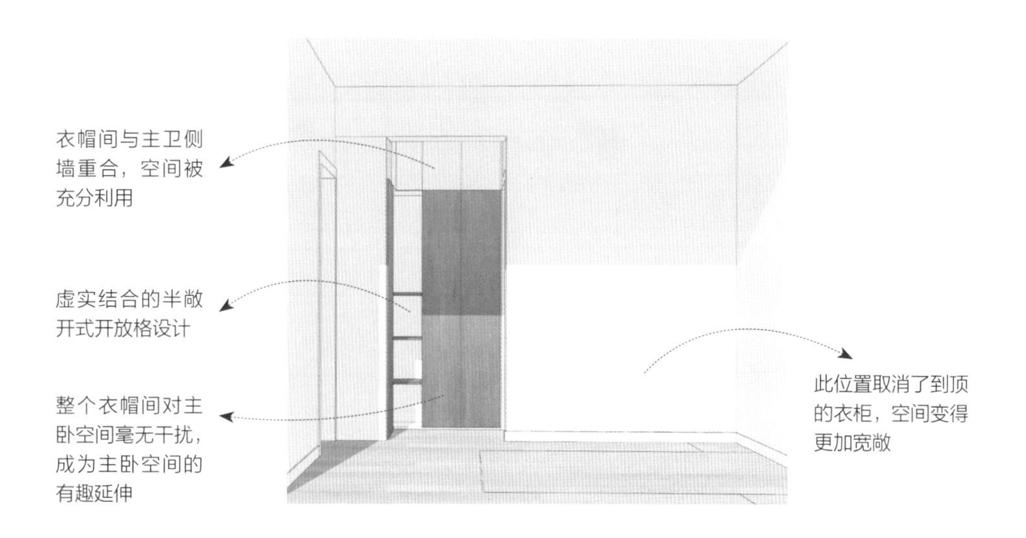
衣帽间与主卫侧墙重合，空间被充分利用
虚实结合的半敞开式开放格设计
整个衣帽间对主卧空间毫无干扰，成为主卧空间的有趣延伸
此位置取消了到顶的衣柜，空间变得更加宽敞

案例 2

改造前

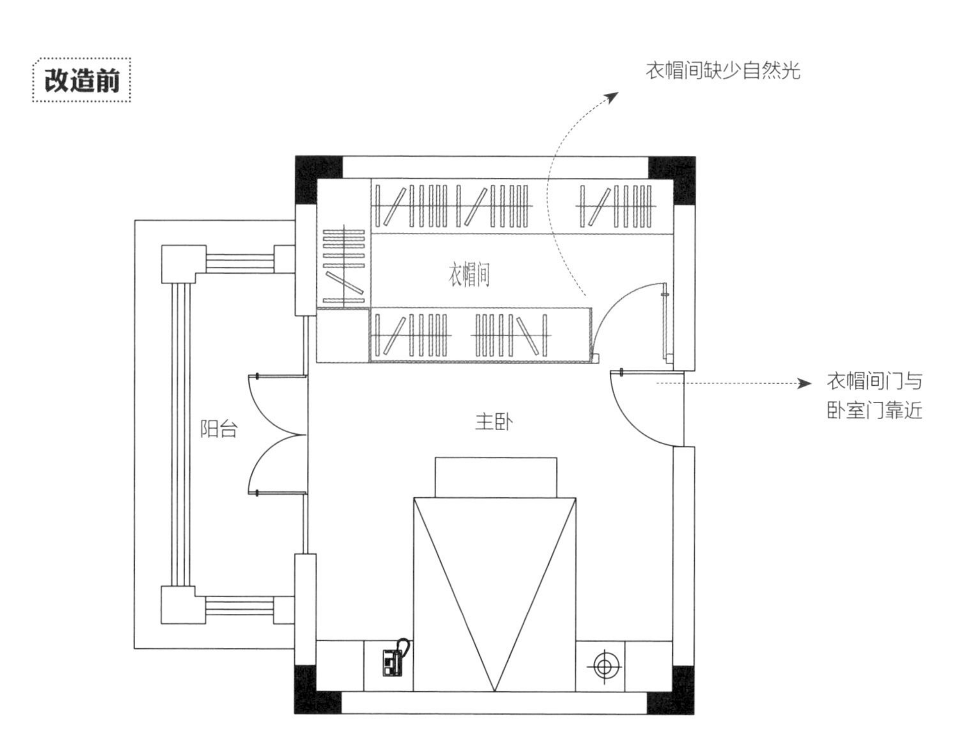
衣帽间缺少自然光
衣帽间
衣帽间门与卧室门靠近
阳台
主卧

改造后

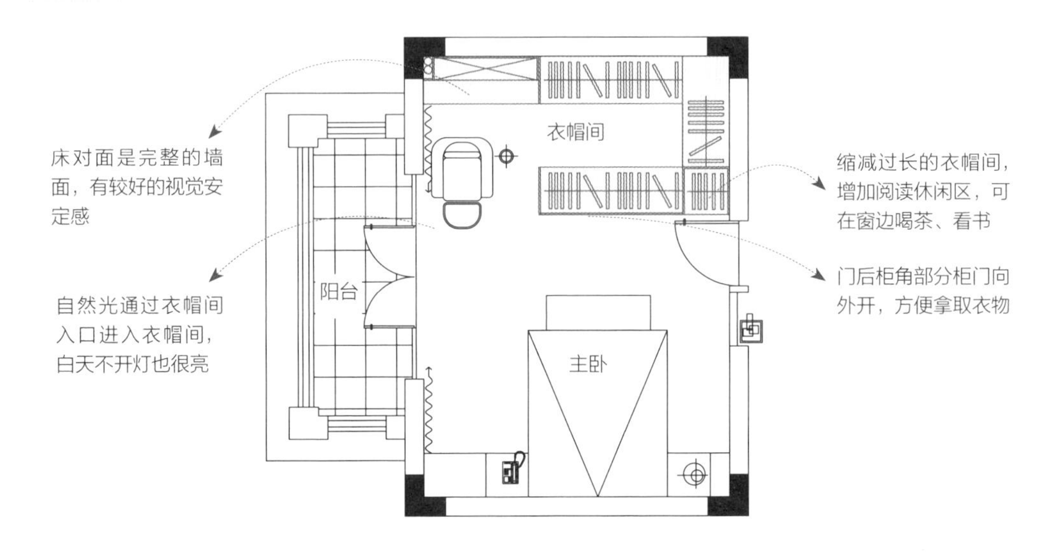
衣帽间
阳台
主卧
床对面是完整的墙面，有较好的视觉安定感
自然光通过衣帽间入口进入衣帽间，白天不开灯也很亮
缩减过长的衣帽间，增加阅读休闲区，可在窗边喝茶、看书
门后柜角部分柜门向外开，方便拿取衣物

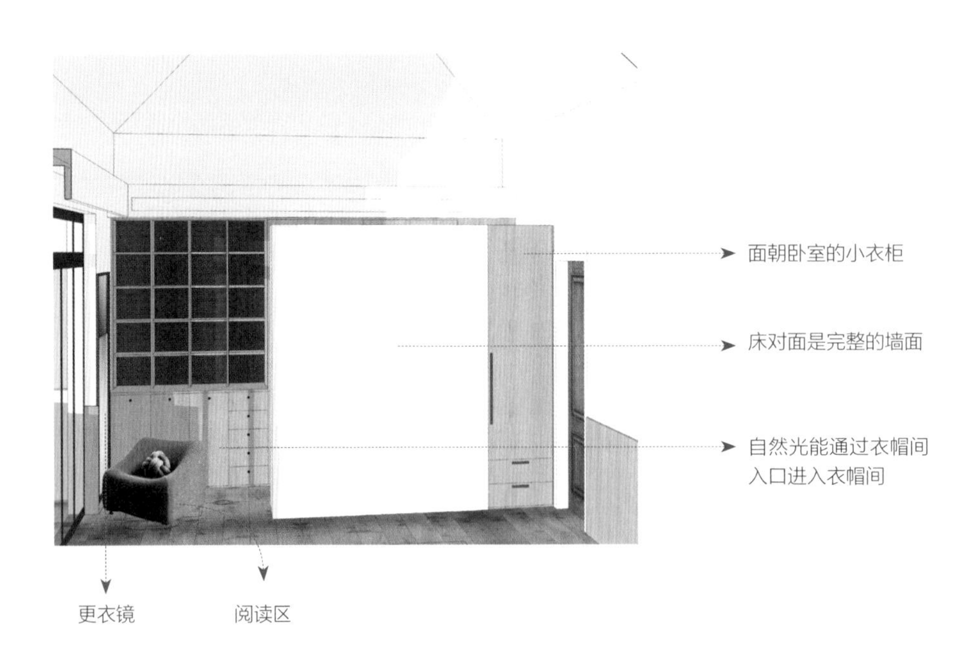
面朝卧室的小衣柜
床对面是完整的墙面
自然光能通过衣帽间入口进入衣帽间
更衣镜
阅读区

打造让孩子自主学习的空间

每一个计划有或者已经有孩子的家庭都会很重视儿童房的设计，儿童房的设计不仅要考虑实用功能，还要考虑室内环境对孩子的熏陶作用，儿童房的设计既是单个空间的设计也是整个家的设计。

儿童房拥挤，空间浪费在过道上

朝向

万物生长靠太阳，人也不例外，儿童房尽量朝南或东南，充足的阳光可以让小孩更健康地成长，也有助于孩子养成早睡早起的好习惯。

四大设计关键

关键点 1 床的位置设计

床只是睡觉的地方，不用太大，一般 1m 宽的床足可以睡到 15 岁了，床边安装护栏可以防止小孩睡着时滚下床。

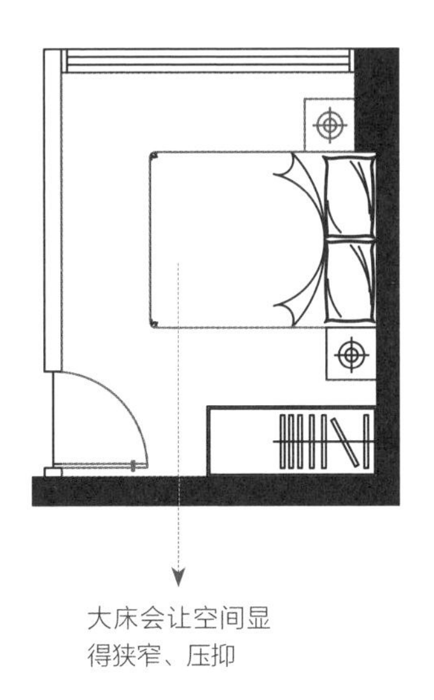

大床会让空间显得狭窄、压抑

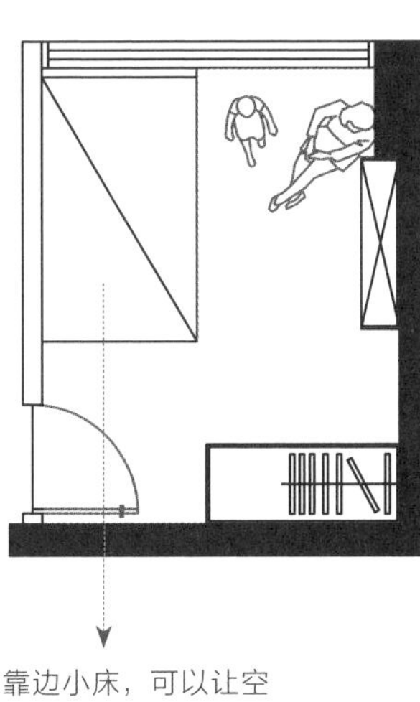

靠边小床，可以让空间更显宽敞

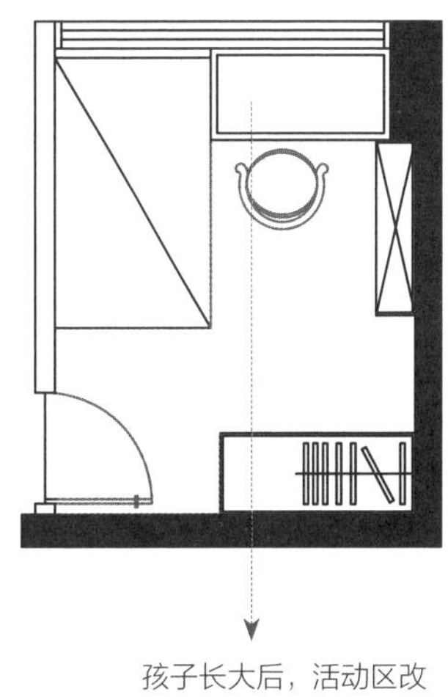

孩子长大后，活动区改放书桌

特别提示

如果房间少而又有两个小孩，那高低床是不错的选择，既能利用垂直空间，还能增加两个孩子间的感情。

关键点 2 储物空间的设计

儿童房的储物需求主要是衣物、书籍、玩具等的储藏、陈列。书柜和玩具柜可以混用，随着年龄的增大，玩具会逐渐被书籍代替。如果有家庭衣帽间，儿童房内只要有一个小衣柜就可以解决问题了。

特别提示

小孩的成长是单程车，过期的玩具、书籍、衣物除了少量具有纪念意义的之外，都可以直接送人或者捐出，以获取更宽敞、整洁的空间。

关键点 3 学习空间的设计

布置儿童房，除了床之外，父母第一个想到的应该就是书桌了，想象中的情景是小孩在大大的书桌前安静地学习，但根据我的经验，小孩一个人在房间里学习，反而不能集中注意力，很容易被其他玩具或者书籍吸引。而在客厅或者餐厅和家人一起学习，孩子更容易集中注意力。有父母在身边，会让孩子有更直接的沟通和陪伴的感觉，也能促进大脑更好地发育。初中（12岁左右）以前的孩子都可以在客厅或餐厅学习。这个时期的儿童房就可以把本来要放书桌的位置改作他用。

关键点 4 活动空间的设计

如果客厅是家里的主要活动场所，那是不是意味着儿童房就不需要活动空间了呢？ 这样想就大错特错了，儿童房里的活动空间相当于透气孔，偶尔有小朋友来访时，儿童房会是一个很好的儿童会客场所。这样可以兼顾培养孩子合群的能力和安静、独处的能力，所以即使房间再小，也要尽量留出相对大的活动空间。

儿童空间设计的原则

可变性

儿童成长变化大，所以儿童房的设计尽量不要固化。儿童房的家具尽量买成品可活动家具，用多少买多少。根据儿童成长的不同时期不同需求而更换。

如果有条件，儿童房与其他空间的分隔尽量不要固定。

①儿童房与公共空间分隔灵活。

如果家中有两个孩子，在孩子小的时候将一个空间布置成亲子活动区，这样方便在客厅或者厨房等位置做家务的父母照看小孩，也使公共区域更开阔。

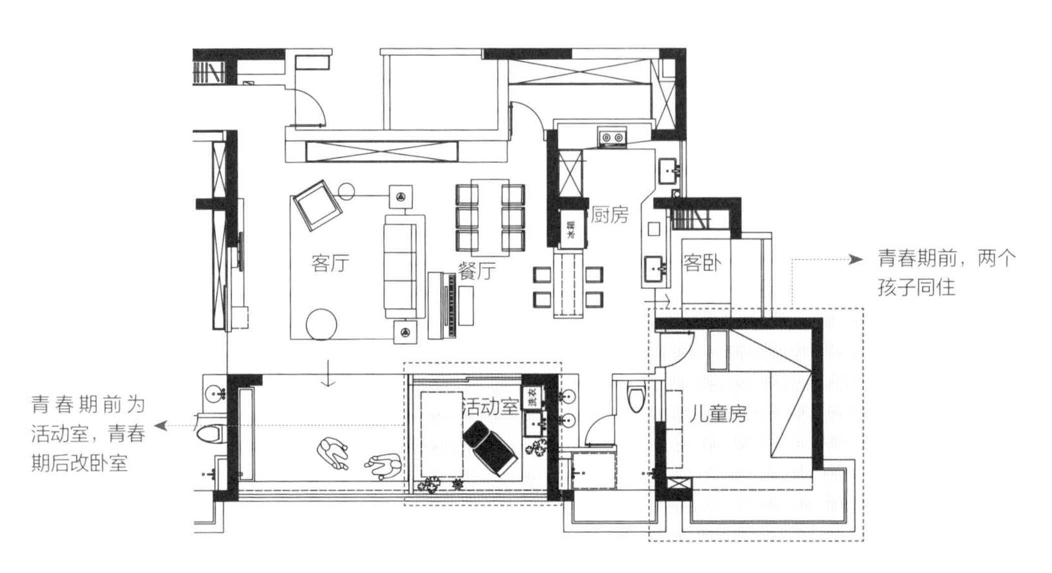

②儿童房同其他房间灵活分隔。

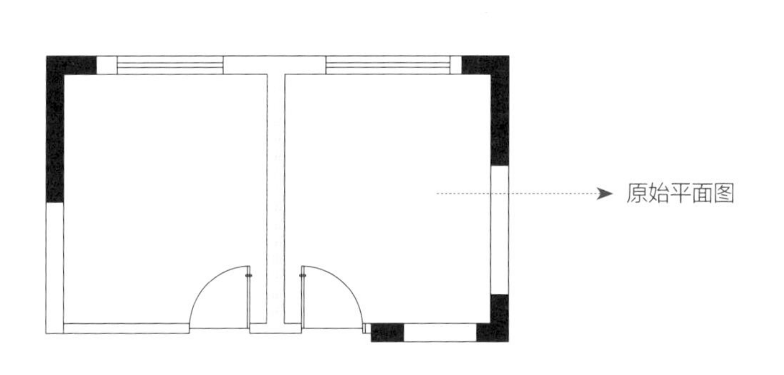

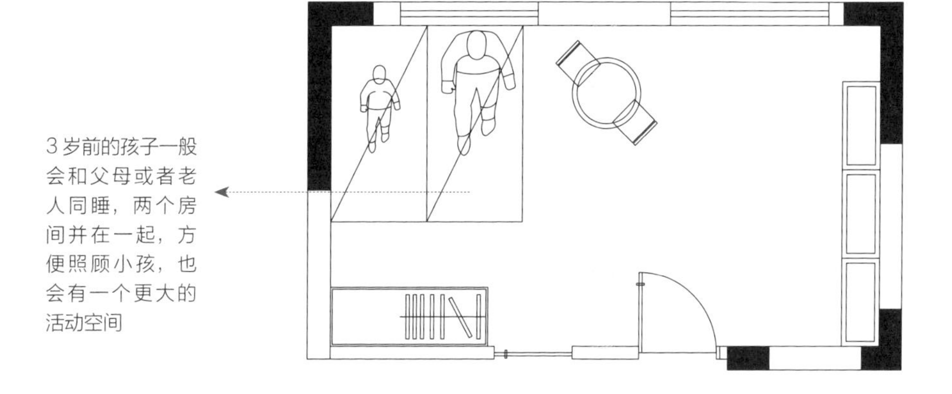

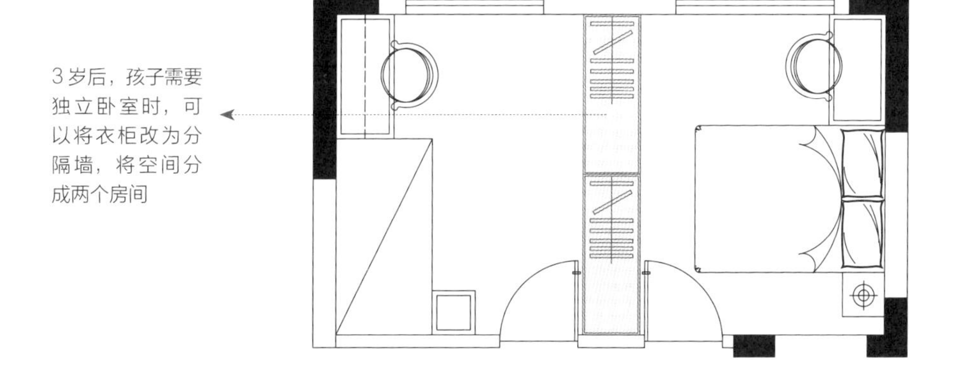

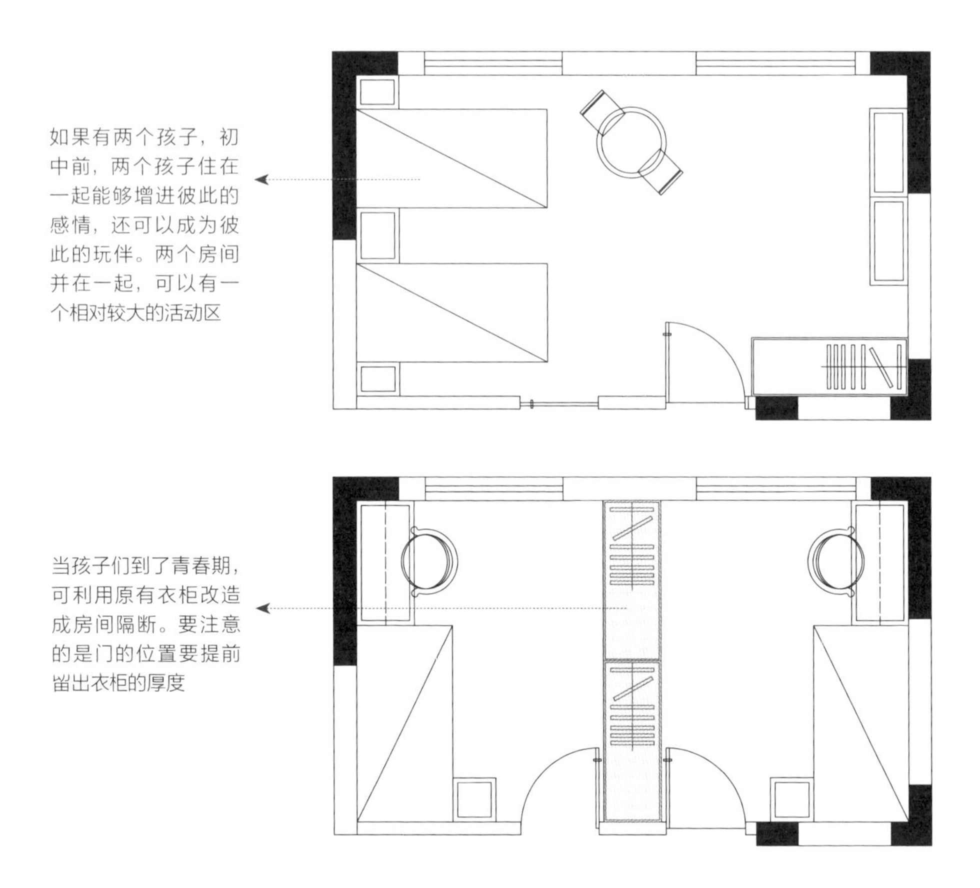

简化性

家长对儿童房的重视，是为了让孩子有个良好的成长环境。

从生理健康的角度来说，主要是能让孩子睡得舒服，保证家具的环保性和安全性。儿童房的设计要尽量简单，要保证房间内有良好的通风和采光。孩子只有多去大自然中探索，多参加户外运动，多呼吸新鲜的空气，才能有强健的体魄。 从心理健康角度来说主要是指孩子良好性格和能力的养成，培养孩子社会性、独立性、计划性，以及挫折承受度和广阔的胸怀。

无论是从心理健康角度还是生理健康角度，家长对儿童空间的设计应注意，使空间对小孩吸引力的排序以户外居首，家人公共活动区其次，再次是儿童房。

有孩子的家庭，家的设计重点

有孩子的家庭，家的设计重点要考虑大人对孩子照看的方便性以及孩子的安全性，要有足够供孩子玩耍和兴趣养成的空间。孩子在家长的关怀中，更能集中注意力，也能更放松地学习。而孩子在家长的视线内玩耍、阅读，家长也能更轻松、高效地做家务。比如下面这套成都住宅，业主有两个 7 个月大的双胞胎女儿，非常重视儿童期阅读习惯的养成。

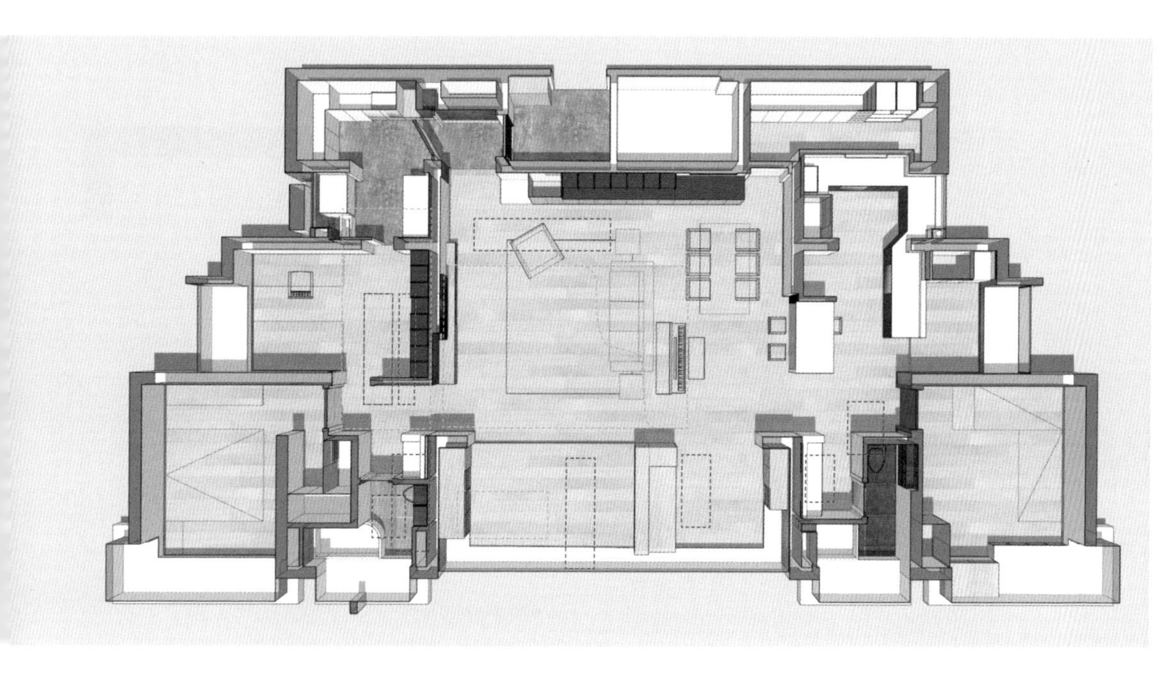

敞开的厨房及洗晒、清扫的洄游动线，可以更便捷地与孩子互动交流

无所不在的书籍和字典，无论是玩游戏时还是看电视时或者去卫生间时甚至睡觉前都可以随手拿到书看

分离式卫生间，该怎么分离

二、三、四分离的正确打开方式

以长沙这个一家四口的卫生间为例，家庭成员由夫妇二人和一个 5 岁的儿子以及一个 3 岁的女儿组成。

一体式

浴缸、坐便器、台盆都设在一个房间。一体式最节省空间，弊端是无法多人同时使用，水汽会弥漫全屋，时间长了会成为细菌滋生的温床。

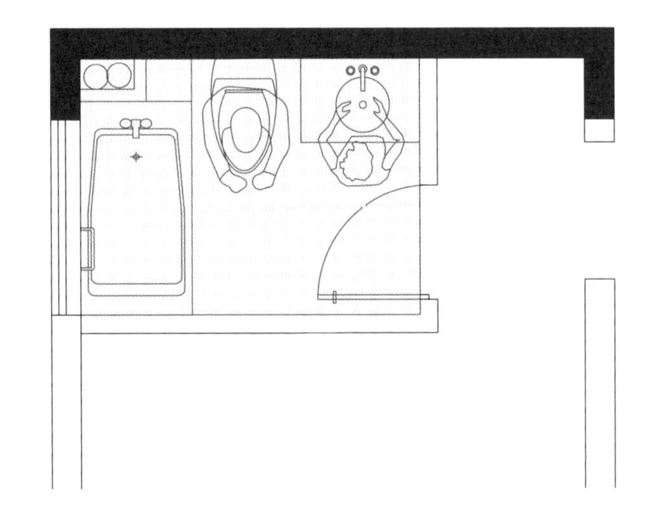

二分离类型 1

把使用频率最高的台盆外移换成双台盆，解决了无法多人共用的问题。

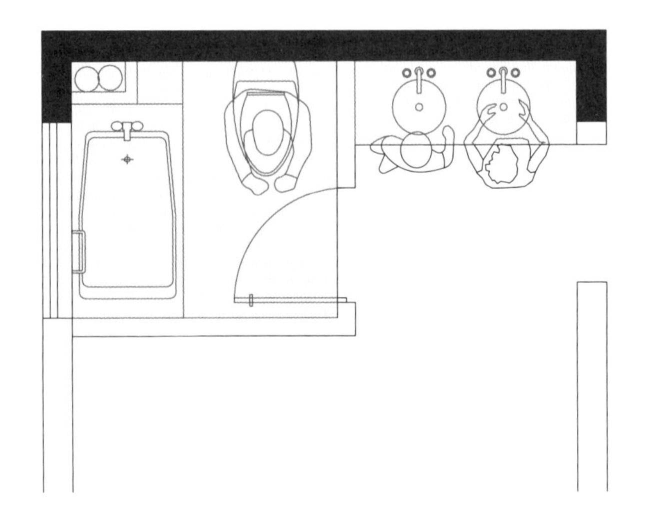

单台盆设计可以把多余的空间设计成淋浴区，比较适合使用人数相对较少的家庭。

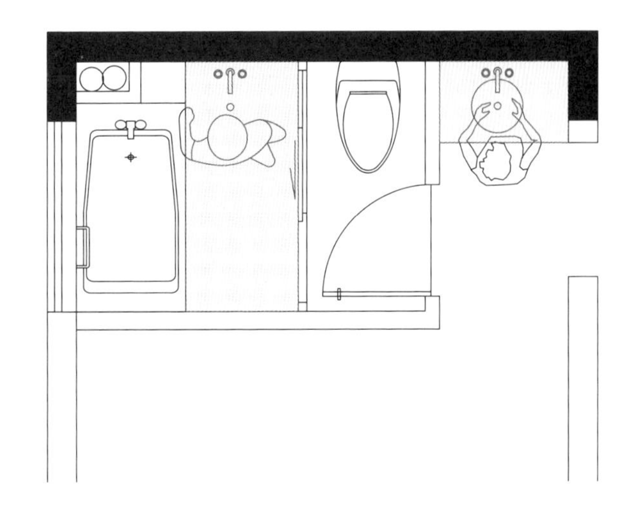

二分离类型 2

坐便器外移成独立坐便间，这算是真正意义上的干湿分离，但因为坐便间外移比台盆外移需要的空间大很多（一般需要 950 mm × 1300 mm），所以现实房型中采用这种设计的比较少。

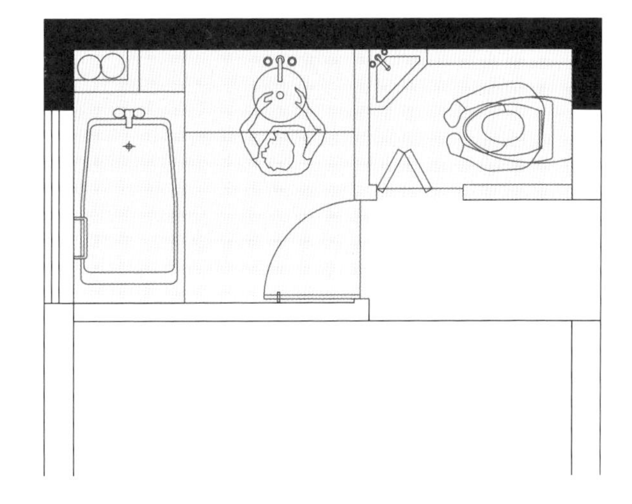

三分离式

卫生间微扩，借用儿童房 1.15 m^2，儿童房正好做嵌入式书柜，这样卫生间就多了一个淋浴区。

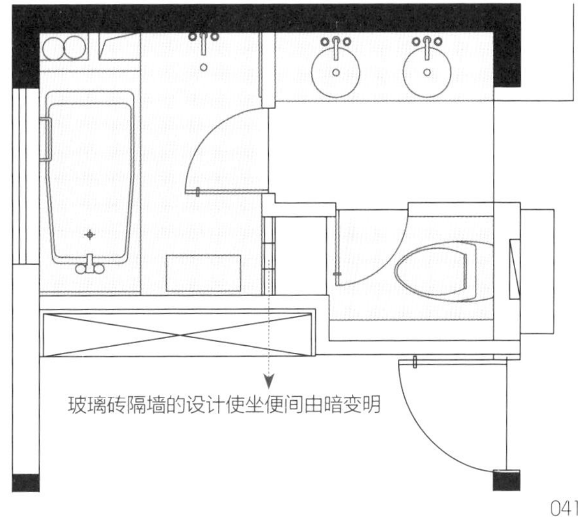

一个坐便器无法解决两个人同时上厕所的问题，可以在淋浴区设计一个占用空间很小的蹲坑，这样就解决了应急大小便的问题。

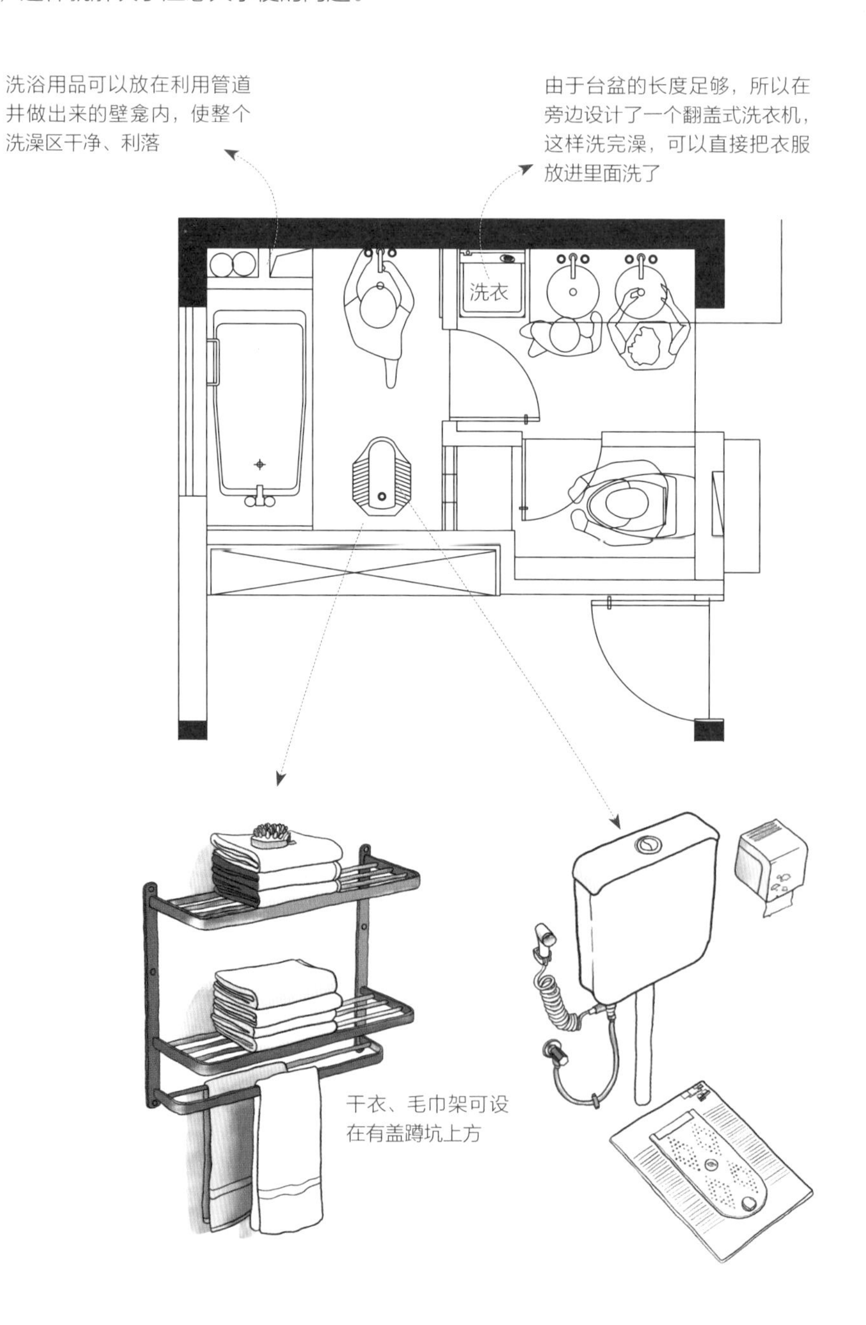

（注：本例是下沉式卫生间，所以坐便移位距离在可操作范围内）

四分离式

理想化的四分离状态是洗衣区设烘干机，并连着晾晒区和衣帽间，烘干或者晾晒好的衣服可以直接收纳进衣帽柜。这样，所有过程在最短距离内解决，效率最高。

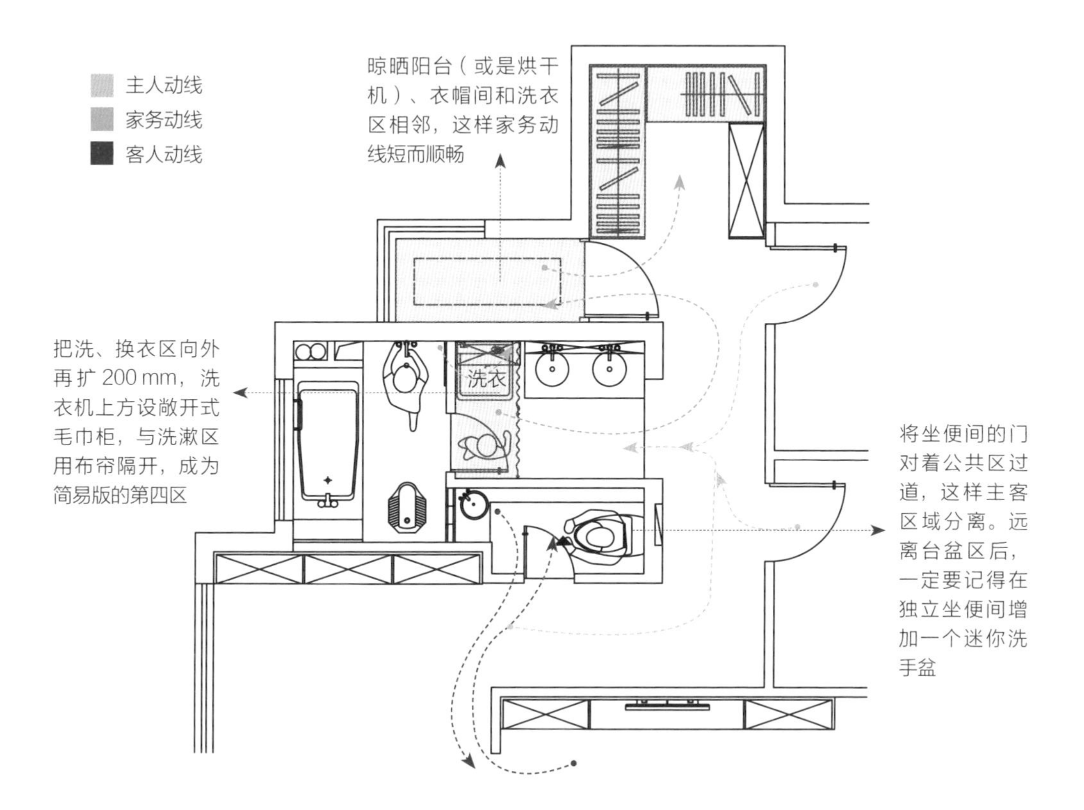

独立无窗坐便间味道会更难消除吗？

很多人担心，没有窗户，只靠排风扇，坐便间的臭味不易排除。如果做到以下两点，就能解决无窗独立坐便间通风的问题。

一是排风管要做到位。一定要把排风扇管子放在吊顶里并与对外风口接好。

二是卫生间的门。房间的换气效果既和风量有关，也和风的路径有关。

①开窗并开门。

新风直接从窗穿过门，臭味被间接带走，慢慢散发到室内。由于气味量少，人又处于空气流动的高处，因此在室内一般是闻不到臭味的，但这样的换气效果并不好。

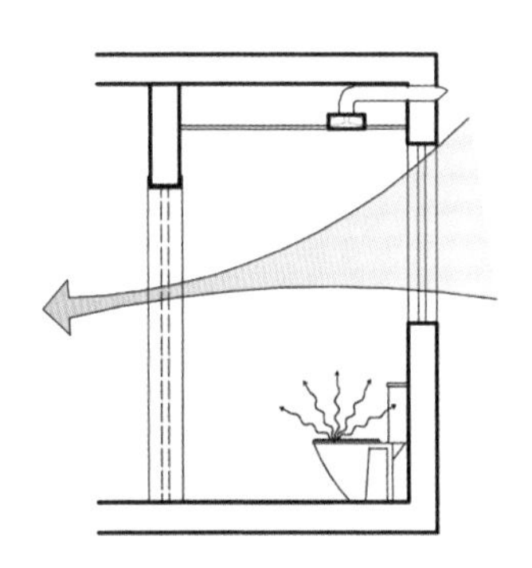

②卫生间开窗，门紧闭。

新风从窗进来再从排风扇排出去，坐便器周围低矮区域的臭味需要长时间才能散发出去。

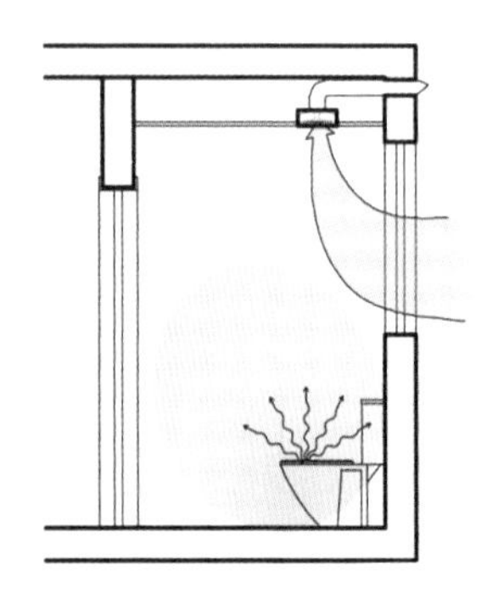

③卫生间无窗且门紧闭。

这种情况就算开了排风扇，因为没有空气进入口，所以无法形成空气对流，臭气无法被彻底排出。

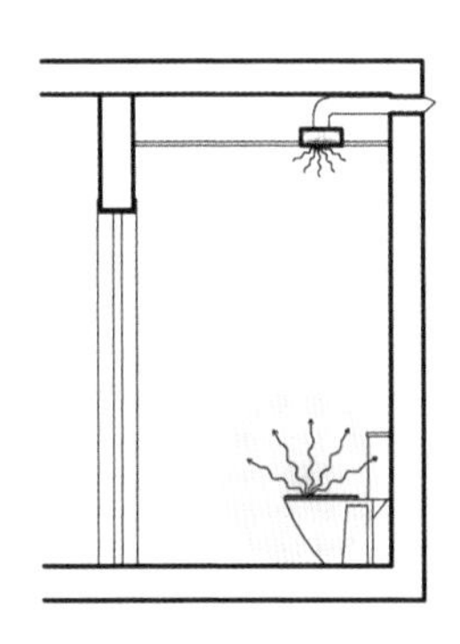

④门底进风，排风扇排风。

能让臭气快速排出的最有效率的路径是从靠近地面处进风，臭气从上部排风口排出。

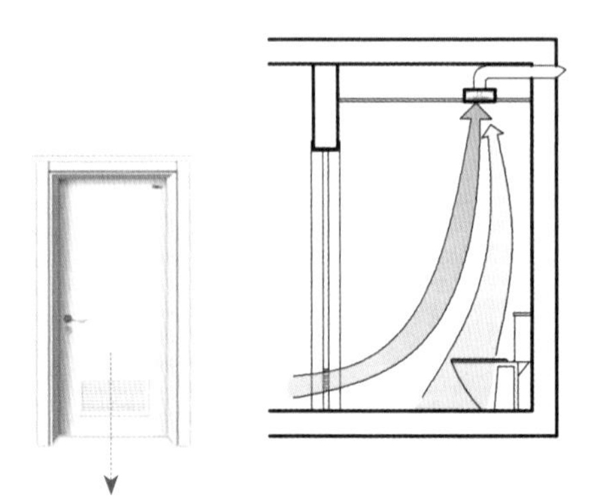

配合门底百叶门换气效果最佳，但由于这种门颜值不高，现在很少见了。替代的办法是让门下留缝稍微大一些，方便空气进入

（注：坐便间换气功用大于隔声，最好不要用密封性好的隔声门）

只有 3.43m² 的卫生间如何实现三分离

该房位于济南，业主是一家四口，夫妇两人带着一个孩子和一个老人居住，卫生间只有 3.43 m²，业主要求放置一个原有的木桶。

考虑到一家四口使用，设计的目标是尽量不要出现排队上卫生间的情况，最好能满足三人同时使用。考虑到家中有两个男性，特别是男孩小便时尿液会四处飞溅，所以计划增设小便斗。那么在这不到 4 m² 的空间里就需要放下一个浴室柜、一个小便斗、一个坐便器、一个木桶、淋浴间。

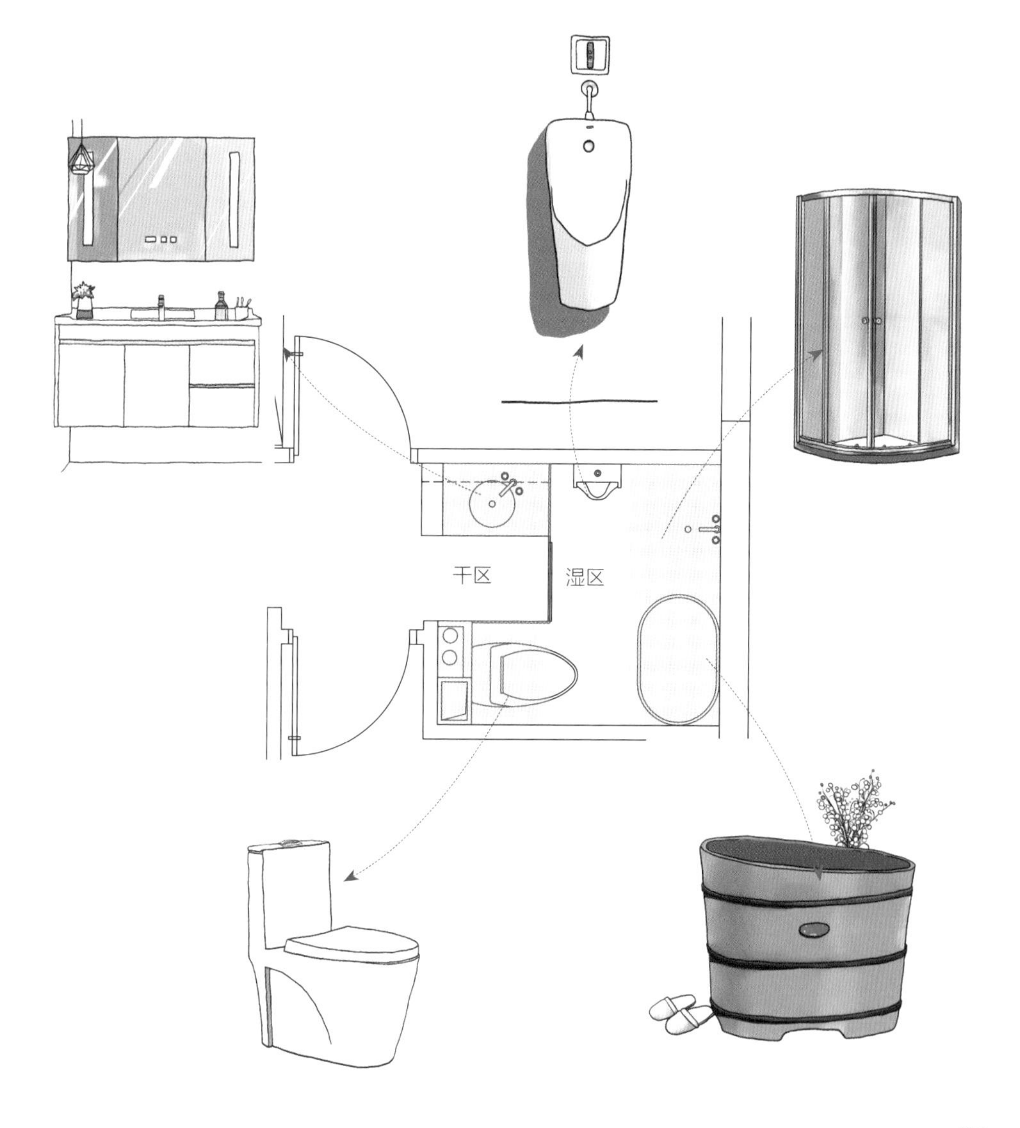

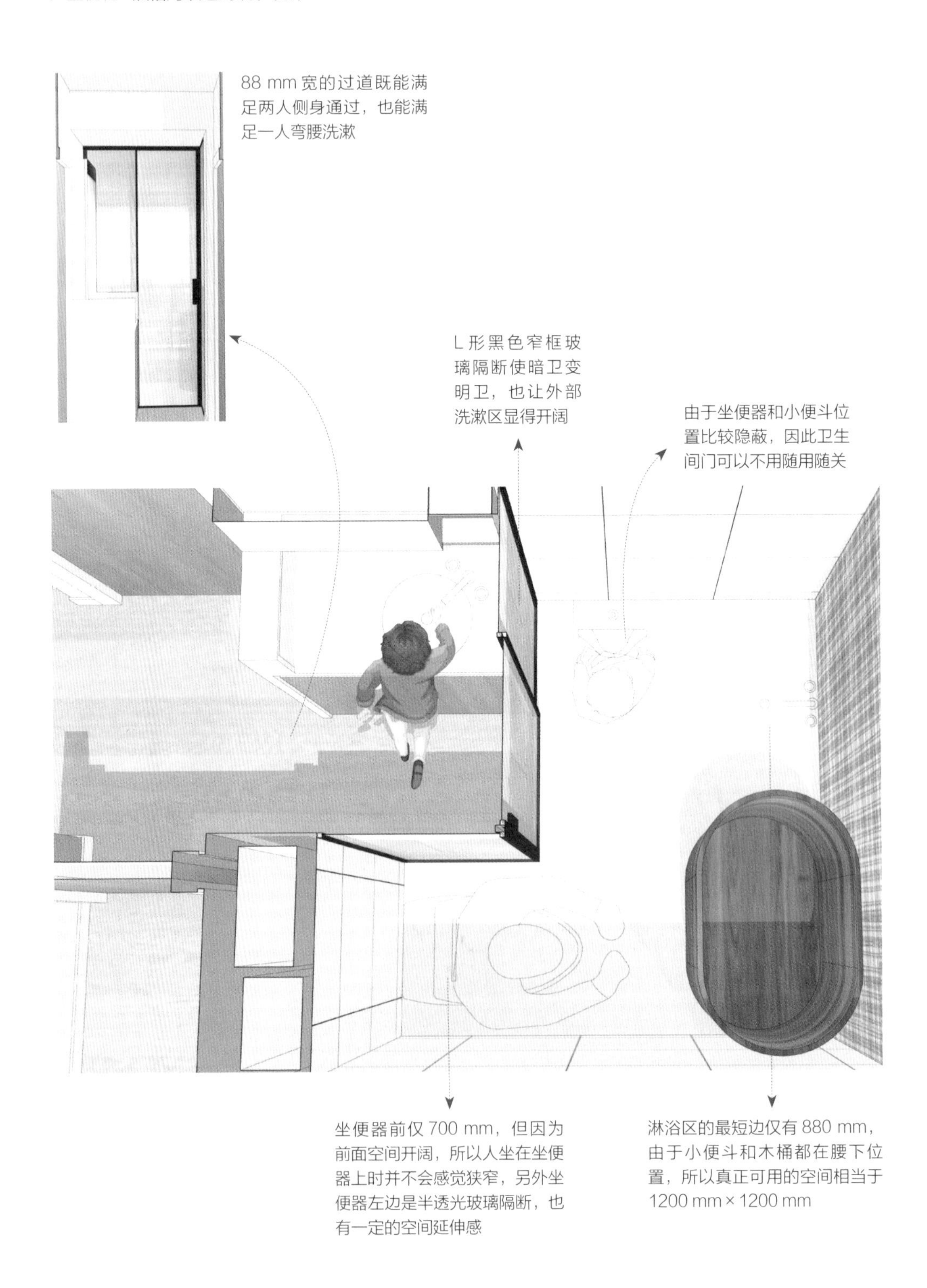
88 mm 宽的过道既能满足两人侧身通过，也能满足一人弯腰洗漱
L 形黑色窄框玻璃隔断使暗卫变明卫，也让外部洗漱区显得开阔
由于坐便器和小便斗位置比较隐蔽，因此卫生间门可以不用随用随关
坐便器前仅 700 mm，但因为前面空间开阔，所以人坐在坐便器上时并不会感觉狭窄，另外坐便器左边是半透光玻璃隔断，也有一定的空间延伸感
淋浴区的最短边仅有 880 mm，由于小便斗和木桶都在腰下位置，所以真正可用的空间相当于 1200 mm × 1200 mm

2

一学就会
牢记 5 个空间规划重点

空间价值提升的三个设计要点

功能重叠的本质就是空间的重复利用

好的格局设计能让居者感到放松、自由、安心、温暖，只有功能空间布局合理、动线简洁高效的房子，住得才会舒服。边角空间、过道空间、家政空间、储物空间、玄关空间、卫浴空间、厨房空间、睡眠空间、衣帽空间、起居空间、亲子空间、娱乐空间，哪个空间在人们的心理价值排在第一位？不同的人对各个空间的心理排序也不同，格局规划的目标之一就是使低心理价值的空间向高心理价值空间转换，提升住宅的整体居住感。

过道空间的重叠利用，动线超便捷

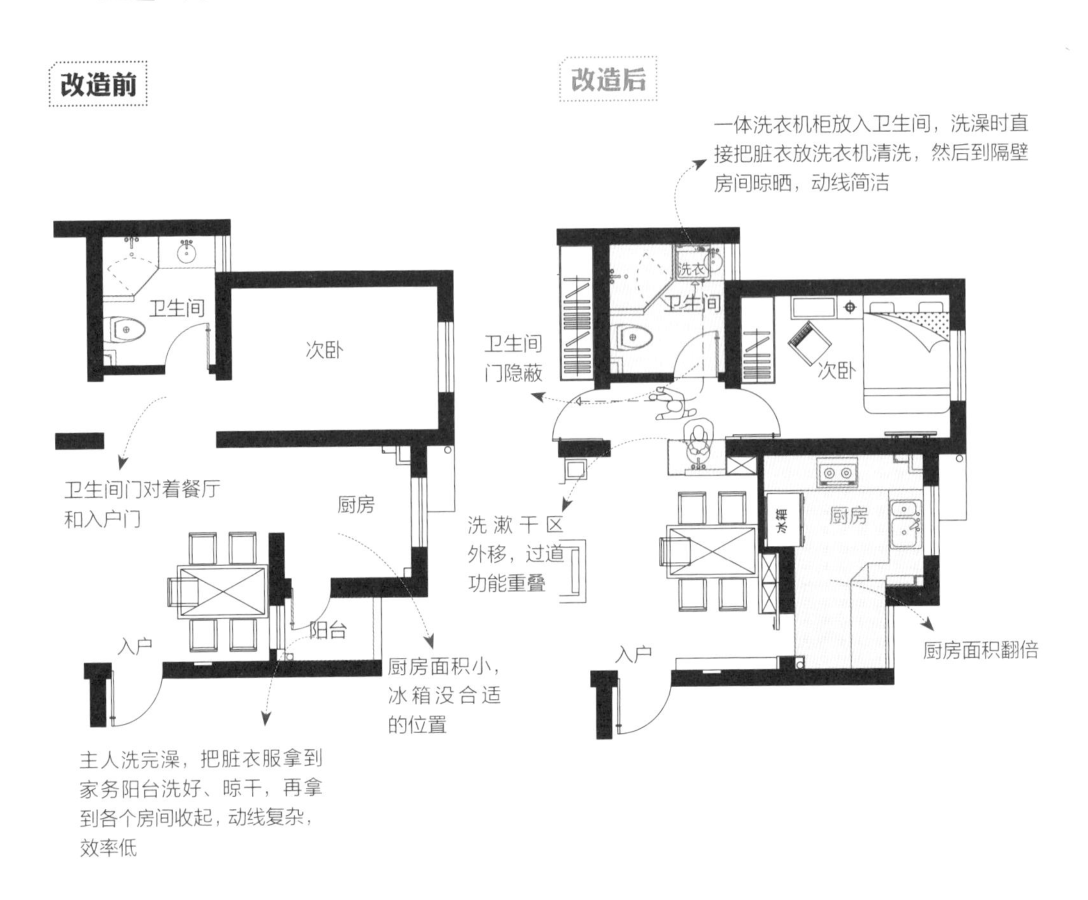

将自然光分解、重叠使用，空间更明亮

改造前

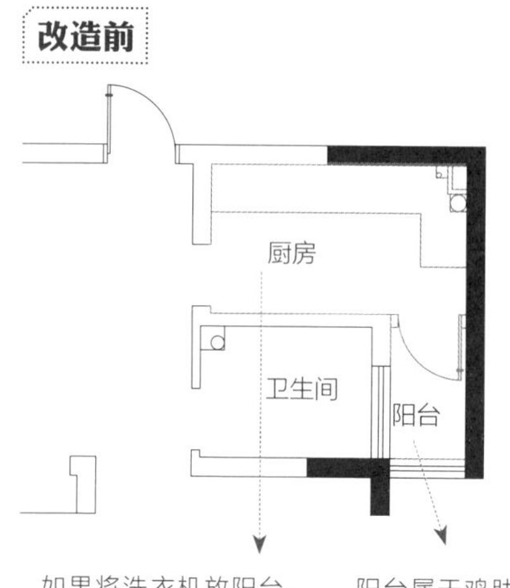

如果将洗衣机放阳台，洗衣时要从厨房进出，破坏了厨房的完整性，限制了橱柜的可用长度

阳台属于鸡肋空间，只能为厨房和卫生间采光

改造后

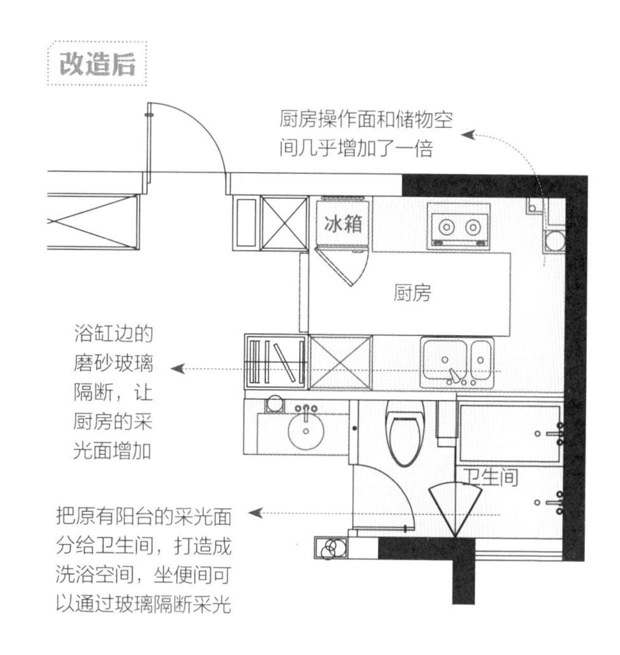

次卧、玄关功能重叠，空间大一倍

改造前

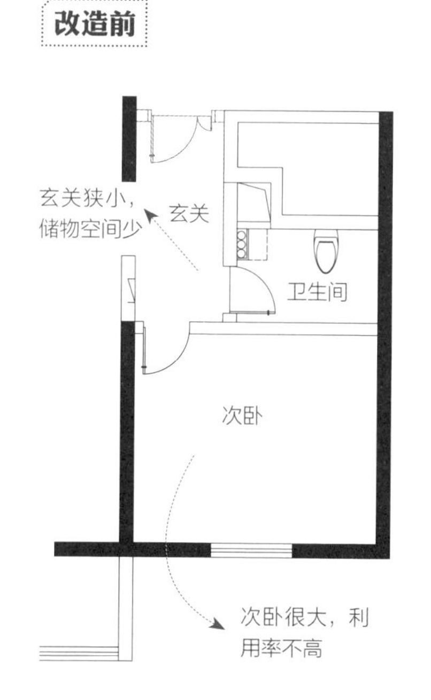

改造后

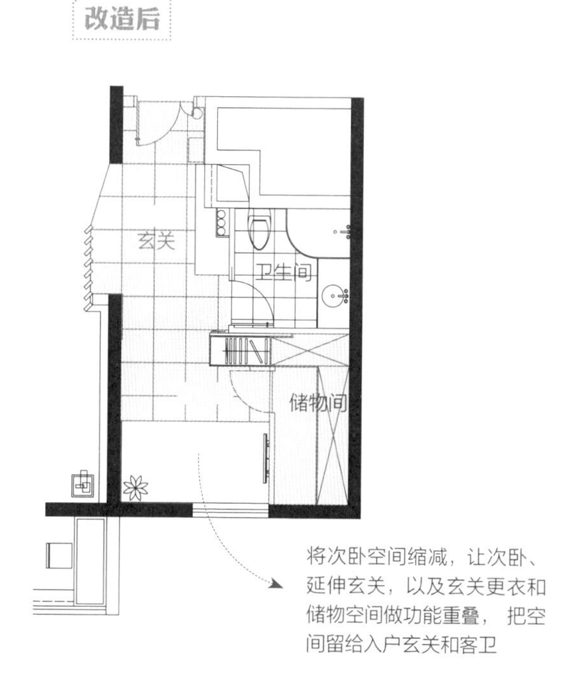

将次卧打开，改善了原玄关狭窄、暗黑的不足之处，在满足次卧功能的同时又是玄关视觉中心、玄关更衣处及杂物收纳空间，也可以是独处品茶或会客闲聊之处

竖向镂空分隔既可以增加采光，也可以作为沙发墙的装饰

“疏可走马，密不透风”根据使用需求分配面积和位置

微调格局，让阳光住进家里。

日本著名住宅设计师中村好文说：“在家里，如果能够拥有属于自己的、独立的、舒适的、可供长时间休闲的地方，或者是能够打造出那样的地方，在享受居住的欢愉中，是一件极为重要的事。”本来是低价值的家务辅助空间，现在成为居者最喜欢、价值最高的修身养性之地，可以在阳台靠窗位置种花、看景、阅读、品茶、逗猫、发呆。

做空间设计时，只有该密的地方密了，其他地方才有条件疏。

通过对空间墙面的拉缩、移位，换取更宽敞、实用的生活空间

空间价值提升的本质就是把空间用在刀刃上，在辅助空间满足基本使用需求的基础上，把更多的空间用在自己喜欢的功能上。这样就大大提升了房子的使用价值。

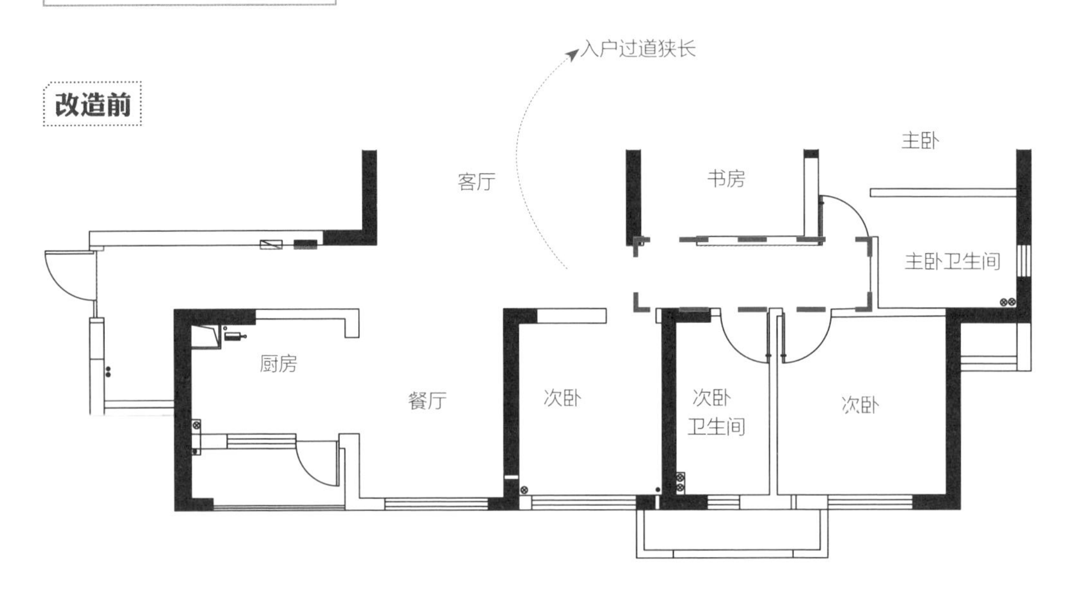

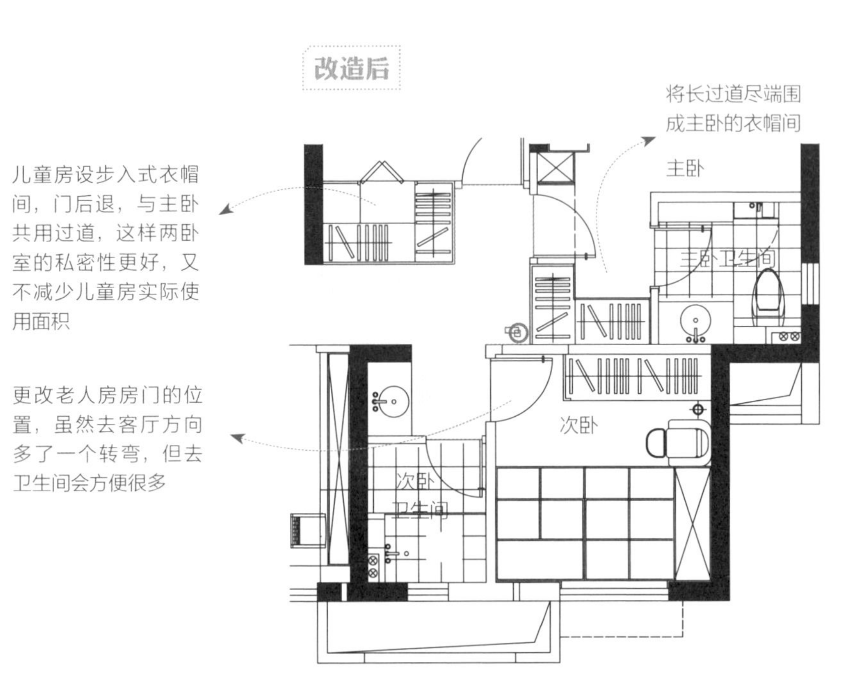

空间放大的 6 种关键设计手法

功能重叠 一物多用

使用功能空间重叠的设计手法时，最好是零步骤转换，如餐厅换书房、书柜兼隔墙等，或者只有一个步骤转换，如客厅转卧室，只要把被子叠好收在旁边的柜子里即可。如果再多一两个步骤，像床折叠成沙发等，使用便捷感会大大降低。如今电视装修节目中流行的各种空间转换，家具翻上拉下，是无法让居者体会生活的便利和舒适性的。从某种角度来说，设计的最终目的是可以提高居住者居住的舒适感和便捷感。

功能空间共用

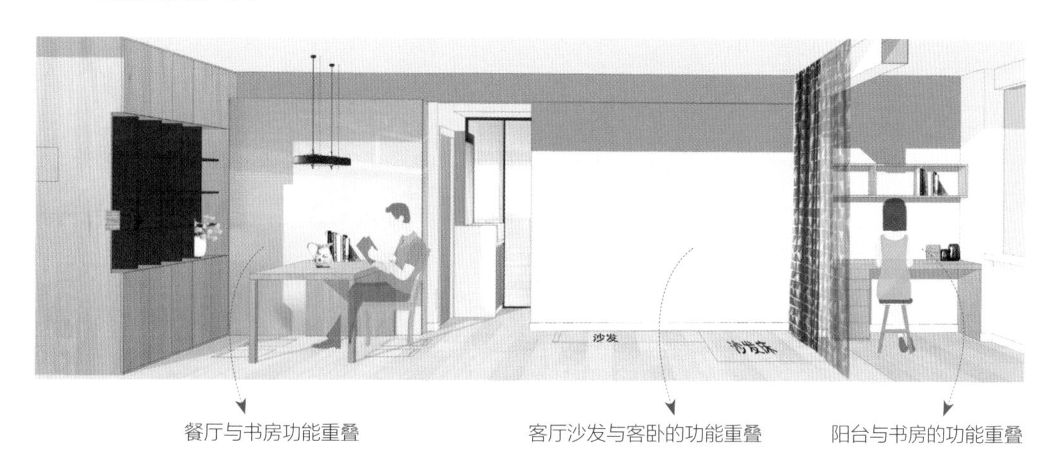

淋浴房与走道共用

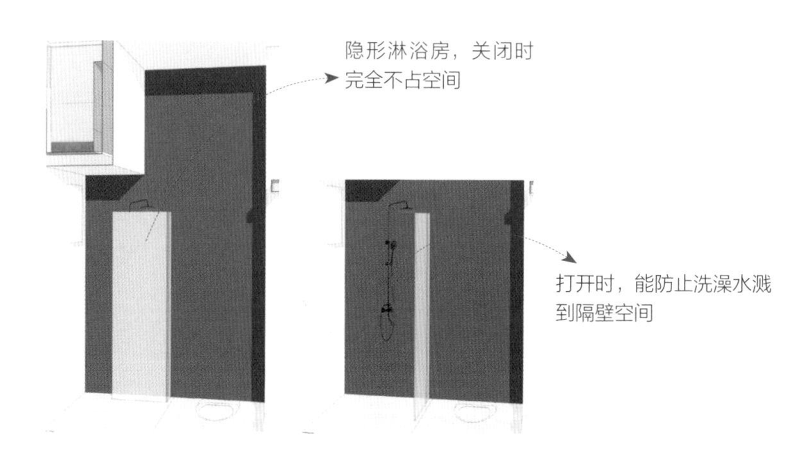

书柜兼作隔墙

既是书柜、储物柜，
又是两个房间的隔墙

儿童房衣柜靠床处开口为床头柜，衣柜和床头柜重叠，既保持了衣柜的整体性又使空间感增大

吧台的一物多用

吧台兼早餐台，既分隔了厨房、餐厅和过道，又是玄关遮挡和视觉中心，一物多用，空间分而不断，富有层次感和趣味性

打开空间，让视野更开阔

人进入到空间后的第一感觉很重要，人感知的空间大小与视线的远近及视野的范围大小有关，视野范围越大人感受到的空间就会越宽阔。

视线可以通过窗或者镜子延伸，这样人感受到的空间也会随之扩大。

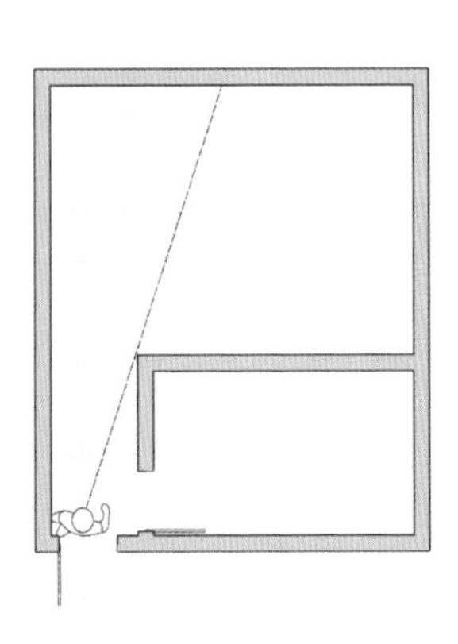

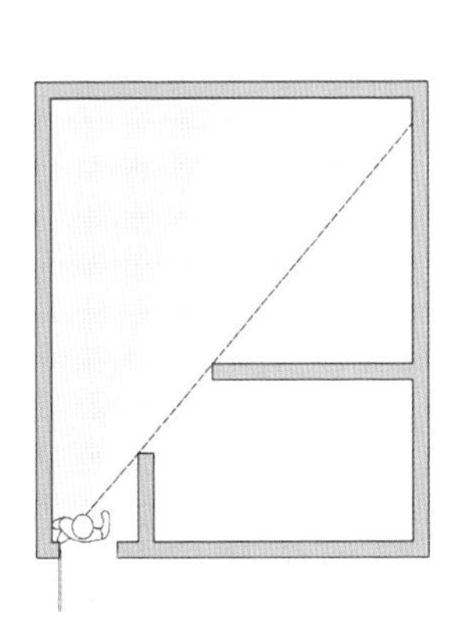

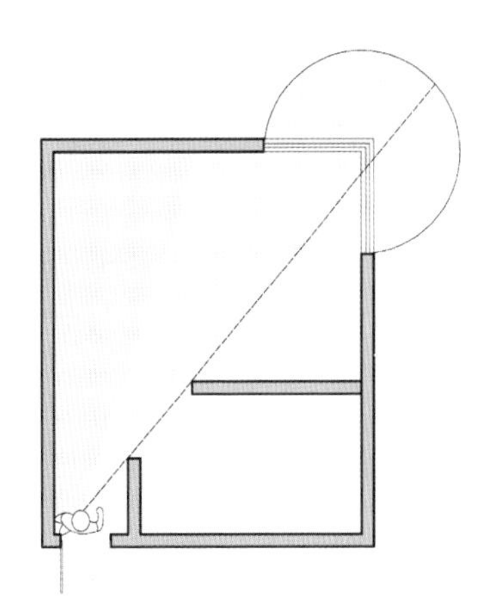

所以设计的时候，要把能打开或者半打开的空间都尽量打开，如厨房、阳台、客卧、书房等，当然具体怎么打开，全开、半开还是镂空，是不是需要可开可闭装置等，还需要根据具体情况综合衡量。

拆掉隔墙，玄关采光、收纳都有了

下面案例中这套长沙三室的房子，由于客卧靠近入户，导致玄关过道特别长，又没采光，无论怎么设计，用什么特别的装修材料都难以改变逼仄的第一印象。由于客卧的利用率不高，因此在改造设计上，打掉客卧的非承重墙，将客卧敞开兼作玄关储物更衣空间，缓解入户过道狭长感，打造宽敞、大气的玄关印象。

改造前

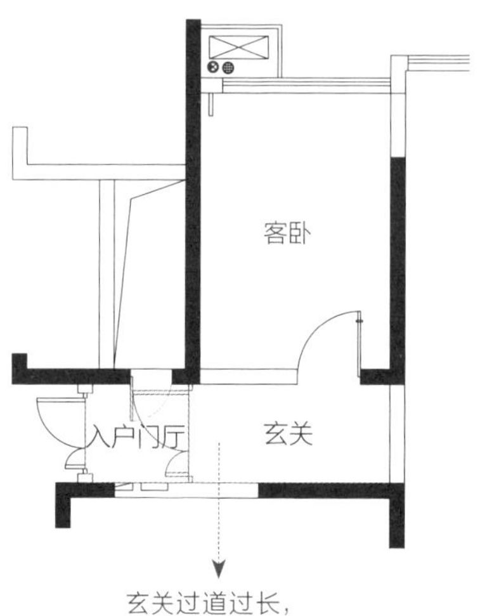
客卧
入户门厅
玄关
玄关过道过长，
没有采光

改造后

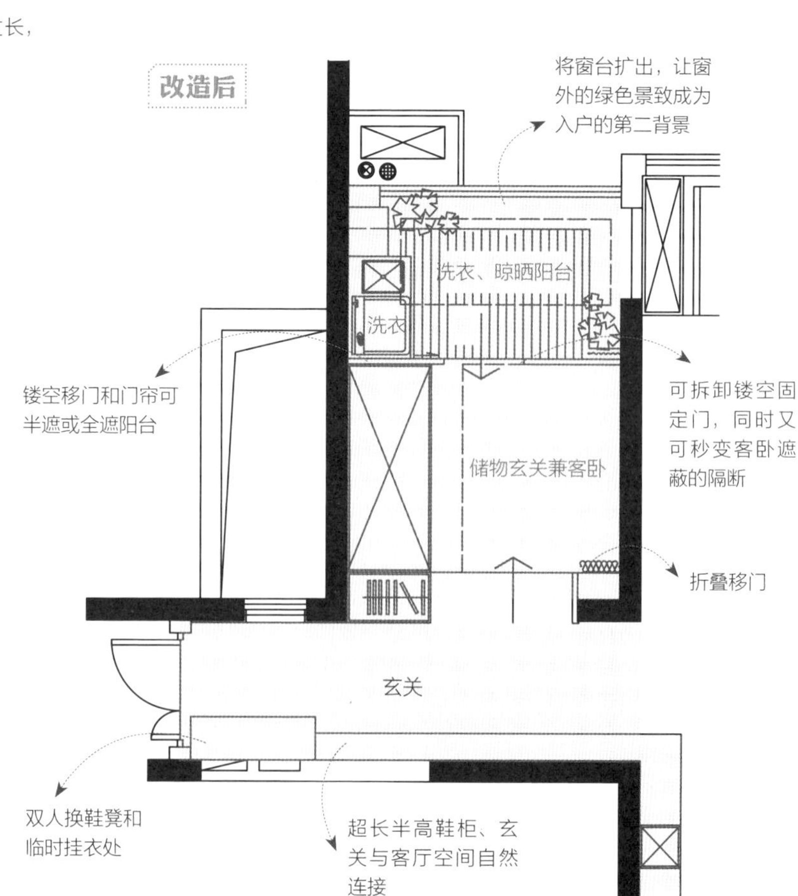
将窗台扩出，让窗
外的绿色景致成为
入户的第二背景
洗衣、晾晒阳台
洗衣
镂空移门和门帘可
半遮或全遮阳台
可拆卸镂空固
定门，同时又
可秒变客卧遮
蔽的隔断
储物玄关兼客卧
折叠移门
玄关
双人换鞋凳和
临时挂衣处
超长半高鞋柜、玄
关与客厅空间自然
连接

衣柜做延伸设计，起到空间引导的作用

白色大理石地面提亮过道，增强空间宽敞感

敞开的储藏室和洗衣、晾晒房，提升了过道的光感和空间感

放上茶具可作为和室，铺上床垫就是客卧

打开空间会有空间翻倍的宽敞感

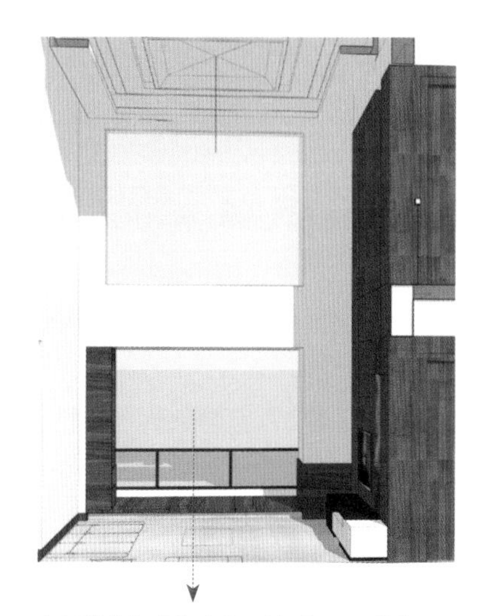

客厅挑空部分的小方天井，如果不做处理，人处其中会因感觉压抑而坐立不安

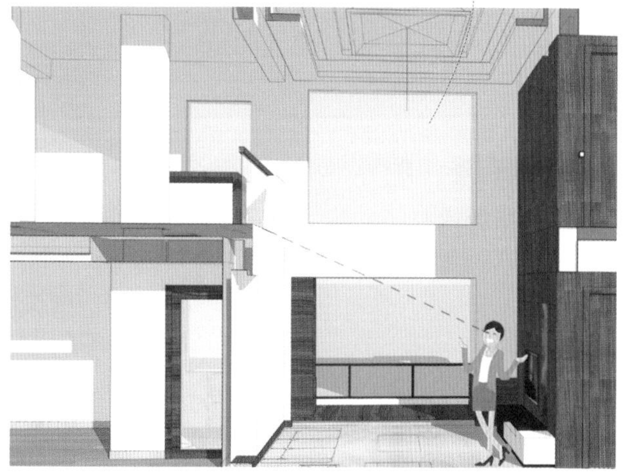

把二楼的书房打开，人无论在客厅还是在书房，都会感受到空间的宽敞，身处客厅时再也不会有压抑感

特别提示

巧用隔断如屏风、布帘、玻璃、半高柜、博古架等进行分隔，既可以控制打开程度，又能提高空间的使用率，是常用的空间打开方式，可以不同程度地增加室内各空间之间的互动和交流。要注意的是，空间不是能打开的就要全部打开到最大，空间设计要有对比、有层次、有明暗、有序列等，好的设计要能因地制宜地引导居者情绪、感觉的转换。

空间互借，打造全能格局

空间互借是指空间局部面积互借，两者或三者之间没有明确的界限，在某个时间段、某种情景下可以互相借用。

能实现空间互借的各个功能空间的使用时间是错开的，同时使用的概率不高，就算偶尔同时使用，时间也不长。

这套长沙四室的房子，无论是从餐厅、厨房角度来看，还是从吧台、过道角度来看，空间都是互相重叠的，这样无论人处在哪个位置，空间都无比宽敞。

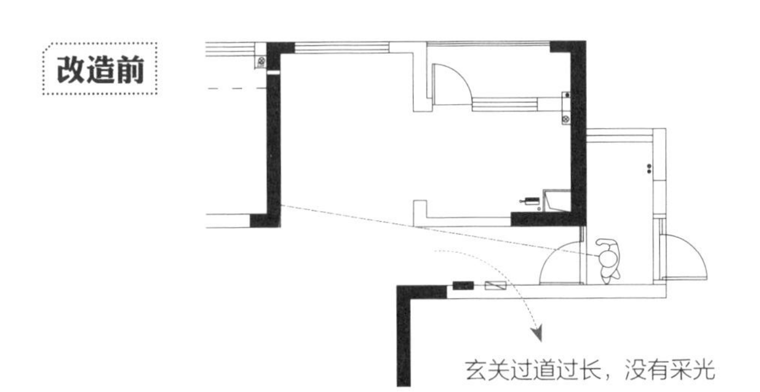

厚重的黑胡桃木和大花白吧台的组合，化解了厨房隔墙给人带来的压抑感，让狭长、单调、无趣的入户过道变得宽敞、有层次

可在靠窗位置独处、观景

尽量不做或少做吊顶

绝大部分住宅空间的高度在 2.8 m 左右，吊顶做得过多或过于复杂，很容易带来压迫感，因此要用最简洁的手法解决原有梁、空间限定、灯带照明、空调内机和走管、新风机和走管等问题。大家可以通过这套佘山别墅的一层天花板设计，来感受下吊顶（淡蓝色）和原有梁（紫色）的关系，以及吊顶内设备、走管和吊顶对空间限定等的极简处理手法。

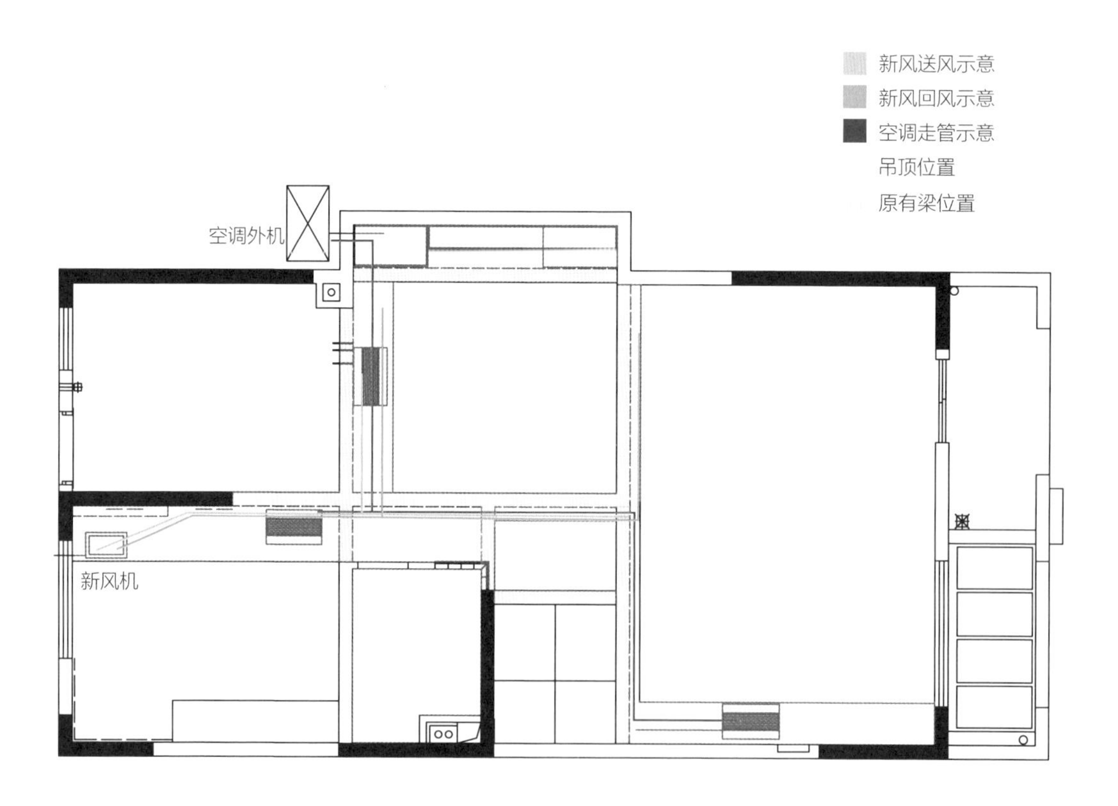

家具配置与摆放技巧

少

家具不能超过整个空间体量的 20%，尤其是小空间。变少就是把原来分散的家具集中成一个，高的家具最好集中在一个墙面，这样房间就不会显得满又杂乱，而会显得更大，如衣柜和床头柜的集成，书柜和储物柜的集成，餐边柜和书柜的集成，吧台和玄关的集成等。

小

相对低矮、小巧、色调较浅的家具可以使空间显得更大。

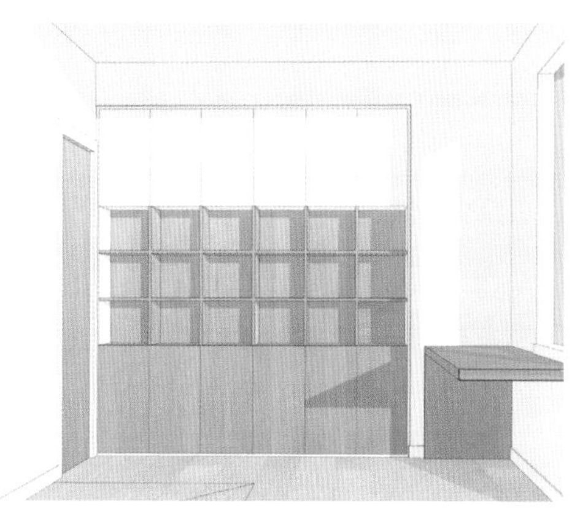

让家具变小的方法有三种：

①嵌入墙体。

让大体量储物柜与墙融合，就不会令人产生压抑感。

②颜色变化。

让观者只注意到家具的一部分颜色。如下图，人注意到的只是中间木色部分，从而使整个空间显得更宽敞。

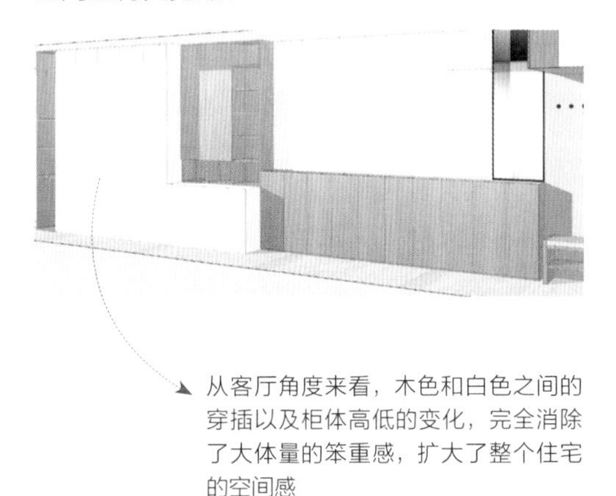

从客厅角度来看，木色和白色之间的穿插以及柜体高低的变化，完全消除了大体量的笨重感，扩大了整个住宅的空间感

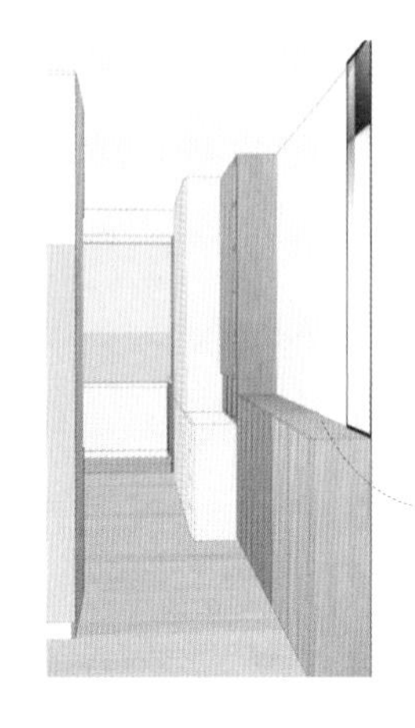

30 cm 宽的玄关木色鞋柜延伸到客厅的时候，不是生硬地扩大到 60 cm，而是与白的厚柜相互穿插过渡，这样从玄关看过去，就不会注意到大体量的厚柜，反而给人更宽敞的感觉

③变形。

通过把人第一眼看到的部分缩小，来削弱大体量家具带来的压抑感，这样就不会那么让人难以接受了。

小而少

用各种设计手法把大体量家具变少、变小。

材质和颜色的运用

①用统一的材质和颜色进行装饰。

一个空间中大面积的颜色或材质尽量不要超过三种，否则容易显得杂乱而破坏宽敞感。

②空间色调一般是上部浅下部深，反之，则会让人感觉头重脚轻也会产生较明显的压迫感。

冷色会给人后退感，对小空间而言，墙面涂上浅浅的冷色调，房间会显得大一些。

③同一种材料的地面会让整个空间更具延伸感，也会显得宽敞一些。

④镜子、磨砂玻璃能延伸视线，增加空间亮度，在适当的地方安装，有扩大空间、增加深度的视觉效果。

⑤窗帘不要用太厚重的颜色，颜色比较轻盈、材质半透明的窗帘，让房间显得轻快而明亮。

⑥墙纸尽量不要用大花纹的图案，颜色选择上也不要选择鲜艳、明度和纯度高的，否则会有视觉压迫感。

家里乱、家务累、房子小、矛盾多，多是动线没设计好

空间要宽敞、便利，就要从动线规划开始

我们去展览馆和博物馆参观时，经常会边参观边考虑该选择哪条行走路线才能更高效地看完全部展览，但是往往是人已经从出口出来了，却还有很多展厅没参观到。这其中的关键问题就在于空间动线没设计好。

所谓动线，就是人活动时的路径。右下图是建筑大师赖特设计的古根汉姆博物馆陈列大厅，这是一个倒立的螺旋形空间，高约 30 m，由盘旋上升的挑台自然围成。观众参观时，先乘电梯到顶层，然后沿着 3% 坡度的螺旋下行的坡道，边走边欣赏悬挂在墙壁上的展品，在不知不觉中走完了 6 层坡道回到出入口，同时也看完了展品。这样由上缓下的路线让参观者感到轻松、自然，这就是动线设计的魔力。

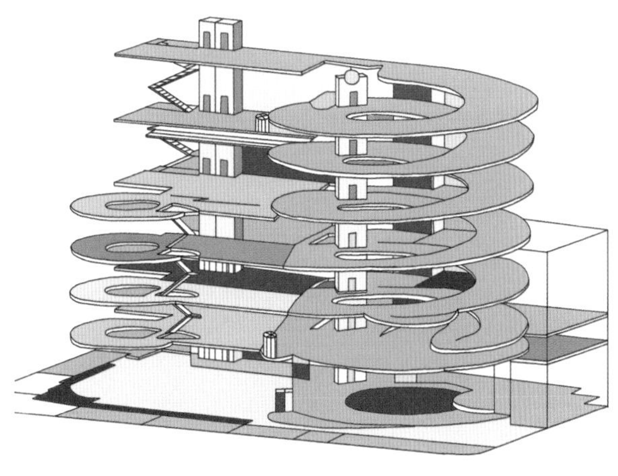

住宅的动线设计会影响到居者每天的生活，动线规划得好，不仅能使家居生活更便利、更轻松，还能增加住宅的使用面积，使家看上去更宽敞。

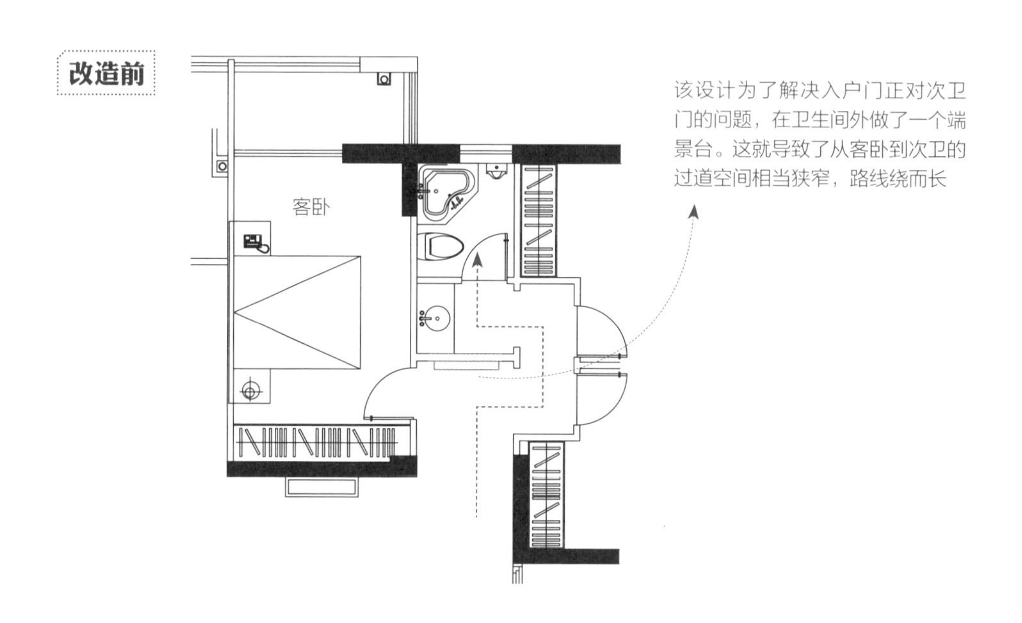

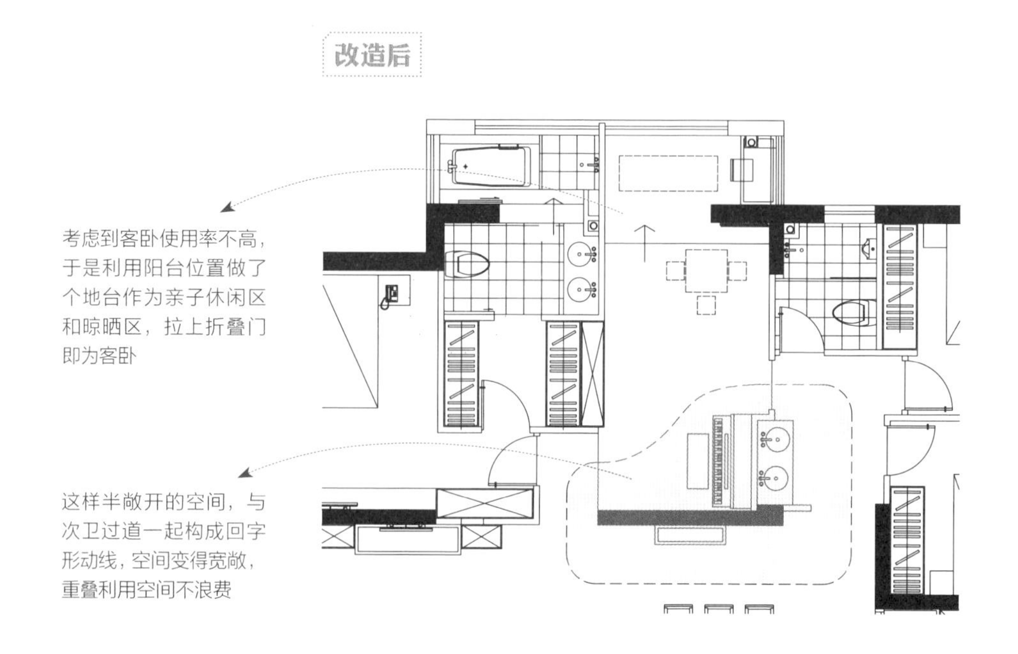

运用三大动线，设计动静皆宜的生活空间

住宅动线主要分为入户动线、家务动线、居住动线三大类。

入户动线

入户动线分为主人入户动线和访客入户动线，这两条动线最好能分开，访客不会看到玄关储物间凌乱的杂物，而主人可以在玄关储物间把所有进家的准备动作都做好，比如放好手上物品、换鞋更衣、洗手，然后进客厅、厨房或卫生间等，这样一方面减轻了主人的收纳整理压力，也让主人待客心情更放松。需要注意的是访客动线不应与家人居住动线和家务动线交叉，以免影响家人休息与工作。

改造前

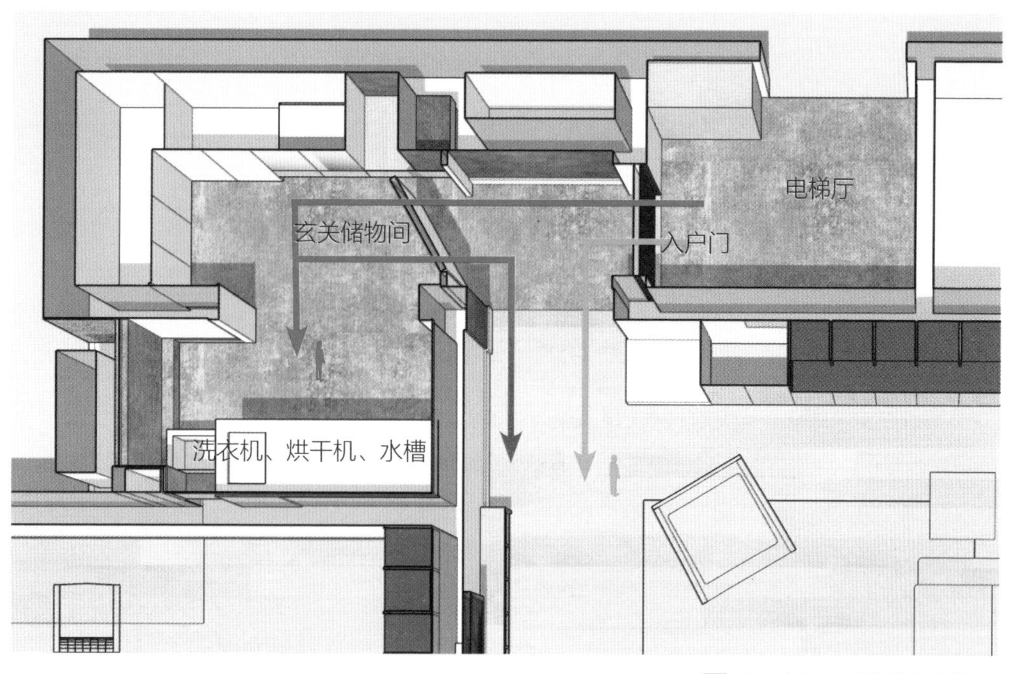

这套成都大平层做到了主、客动线分开，主人可以在玄关储物和晾晒阳台把所有进家准备动作都完成，如果稍微改动一下，也许居住动线会更流畅便利。

改造后

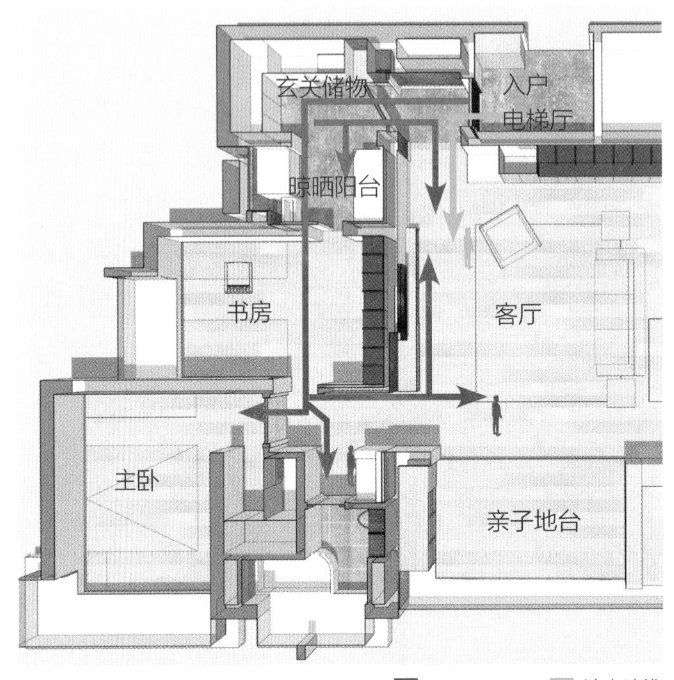

书房用移门打开，虽然少了 1/3 墙面的利用，但人在进家、玄关储物、更衣、放包、阳台洗手后，不用再退出去，可以直接进到书房，然后到卫生间、主卧或客厅，和客厅动线组合成了回字形动线，这样入户动线更流畅、自由、高效，而且空间感也更宽敞有趣。

家务动线

家务主要包括洗、晒、收纳衣物，烧菜、洗碗、清扫和整理等家务活动，动线设计上要避免路线重复，以免浪费时间和体力。

①洗、晒、收动线。

接上面的案例，从洗、晒、收动线分析。当书房用移门打开后，家务动线更短，效率更高。洗完澡后，脏衣服拿到阳台洗，做家务期间，还可以照顾到书房的孩子，衣服洗好晾干后也能以最短的距离收纳到主卧更衣室。在书房看书累了，可直接到阳台、储物间清扫、整理。

与书房没开晾晒阳台侧门时比较，从洗衣到收衣的动线距离缩短了一倍，由于洗衣阳台在端头空间，在此位置操作，无法照顾到其他地方。每次洗衣、收衣都要经过客厅，如果这时有人在看电视或者会客，会被打扰。

改造前

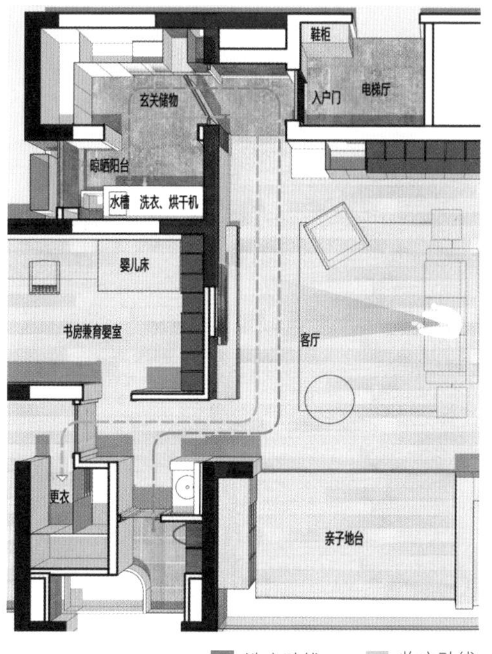

改造后

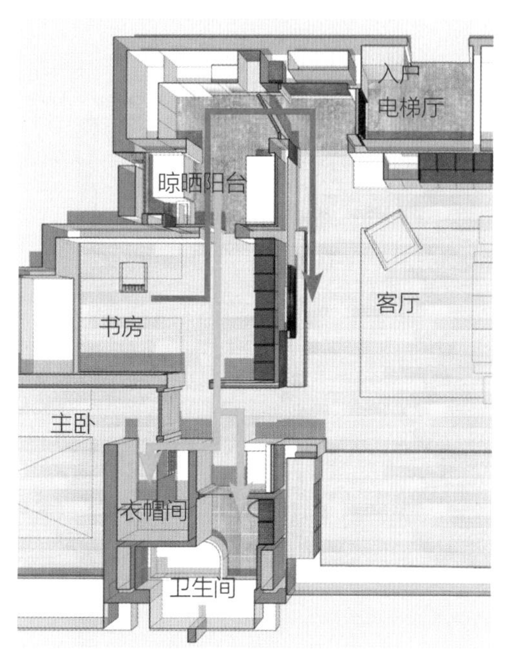

清扫动线　洗衣、收衣动线

人们用烘干机直接烘干衣物，省去了衣物晾晒的麻烦，进而也缩短了家务动线。

脱衣→洗衣→洗澡→穿衣；洗衣→干衣→整理收纳都在一个相互连接的区域内，所有的动作都可以在简短的动线内完成，做家务也变得轻松了！

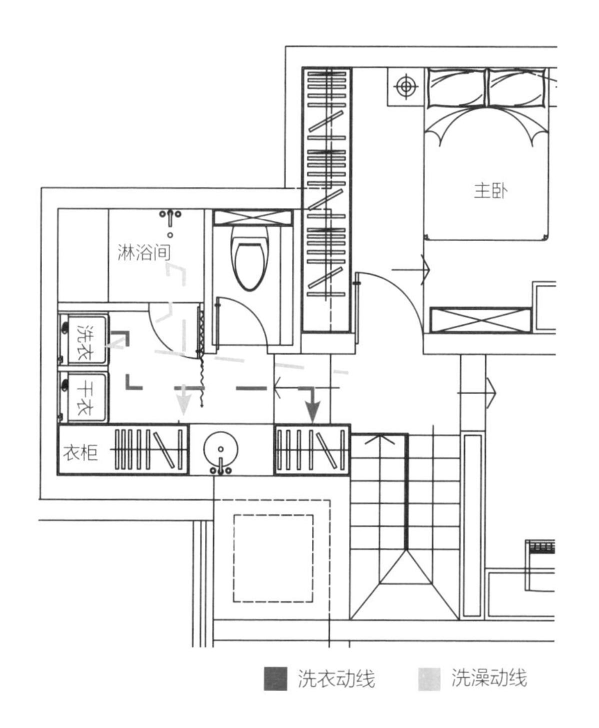

洗衣动线　洗澡动线

②烧菜、洗碗动线。

此案例中原始户型比较方正，只是从冰箱到水槽的操作动线不是很顺畅，经过一番改造后，从入户到厨房的动线更短更顺了，厨房和餐厅空间的衔接也更紧密了。

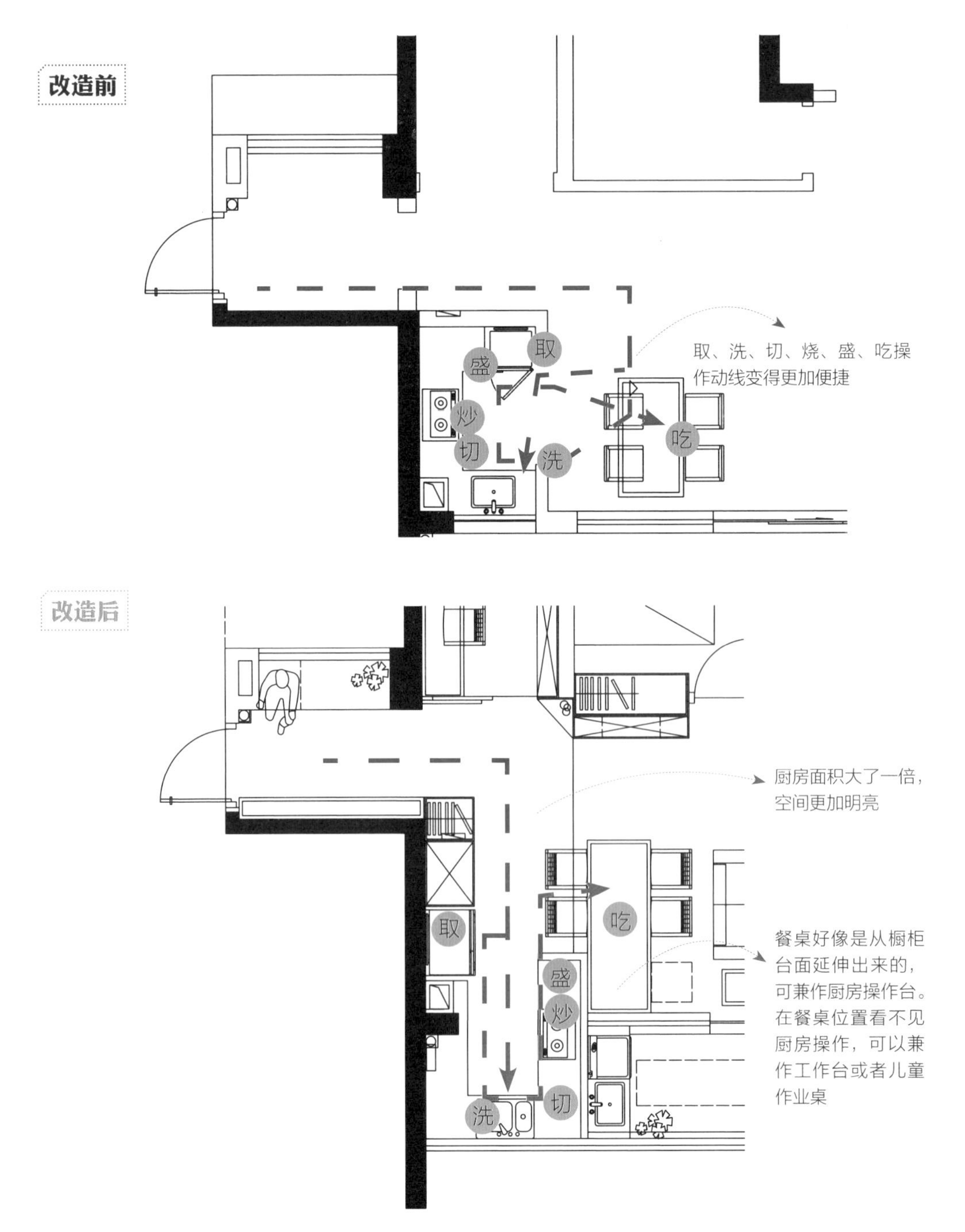

那么是不是没有中岛、没有两个门洞的厨房就无法实现有趣又省力的回形动线了呢？答案是否定的，如右图所示这个厨房在厨房和餐厅之间开一个传菜口，厨房传菜、餐厅饭后传碗筷就很方便了。厨房烧菜可以兼顾餐厅、客厅的情况，这样一来，取、洗、切、烧、盛、吃这个流程也理顺了，缺点是冰箱有点挡光。

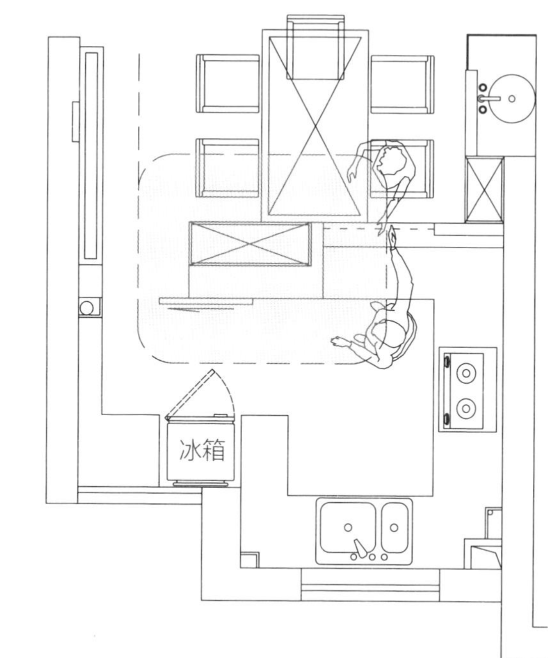

③清扫、整理动线。

清扫、整理动线的规划的原则有两个：其一是就近原则，如厨房清洁工具一般就近收纳在厨房，或挂水槽附近或藏水槽柜里，洗涤工具如洗衣粉、衣架、水盆等，最好放在洗衣机附近。

其二是集中原则。常用的、消耗类的、手工类的，如吸尘器、各种拖地设备、污水桶、洗涤盆、各种抹布、纸巾、电钻等，可以集中放在一个固定的柜子里或者挂在杂物间的墙面上。家务动线尽量不要穿过客厅，以免干扰家人休闲、会客，如果一定要穿过客厅，可以想办法设置一个不引人注意的储物位置，例如可以在沙发背后或者电视墙背后做一个兼储物功能的柜子等。

居住动线

居住动线是指家人的起居路线，设计上以私密、便利为主。有三个主要原则：

①动静分区。

动区如玄关、客厅、厨房、公卫，应该靠近入户门，静区如卧室、主卫、书房等，尽量布置在户型内侧。这样可以减少相互之间的干扰。

②公私分区。

为维护居住者隐私，玄关设计要避免从外面看到屋内的情况。卧室门不要正对公共空间，以保证卧室的隐蔽性。

③功能就近、动线不交叉。

《小家越住越大》的作者记录了改造卧室动线，增加效率的思路，比较能说明功能就近问题。

改造前

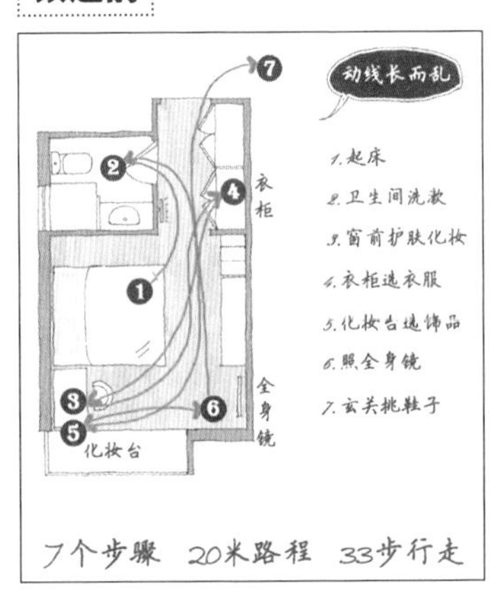

图片来源：《小家越住越大》第 248 页

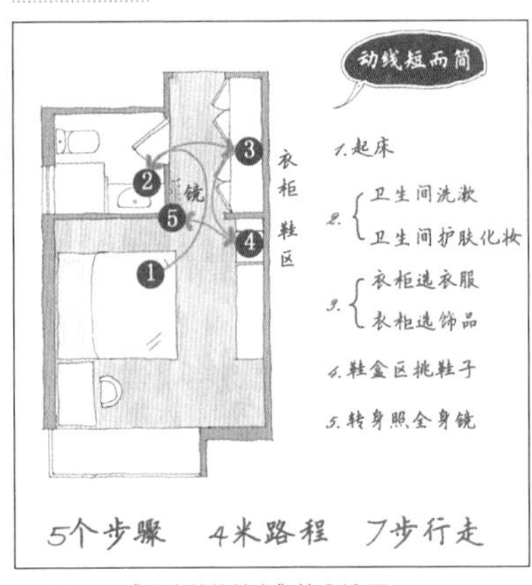

图片来源：《小家越住越大》第 249 页

下图这个主卧只有 13 m²，把飘窗设计成书桌，很多人第一感觉会把书桌放在外边，认为这样人从门到桌最便捷。

如果把座位设置在过道内侧，坐在此处的人会更有围合感，不容易被打扰，一人坐着看书、喝茶，不影响另一人开抽屉拿内衣。

改造前

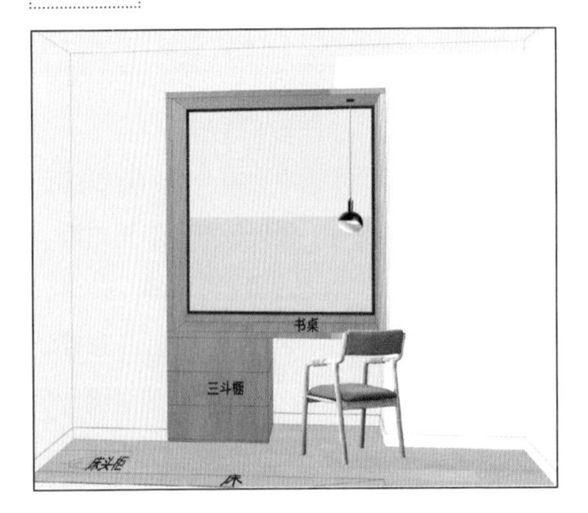

改造后

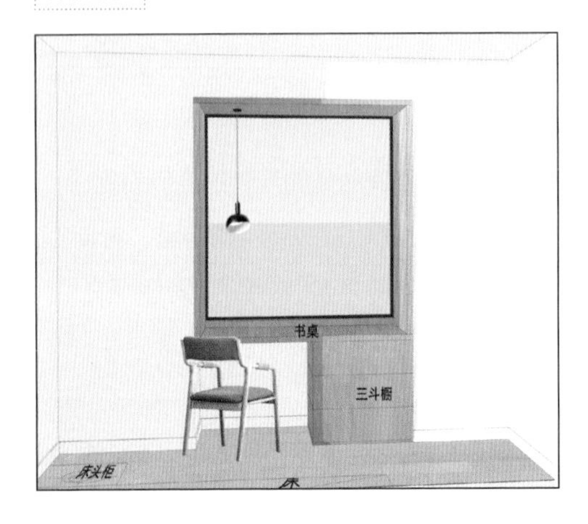

收纳规划是美好生活的基础

收纳布局的两种基本思路

住宅中的收纳就像生活中的柴米油盐，是美好生活的基础。收纳到位，能让你的家扩大不止一倍。收纳是技巧，更是居住的智慧。

思路一

就近收纳，各处均布。这一思路强调的是动线最优化，随用随收，效率第一。就近收纳最大的优点是效率高，缺点是物品多，占用空间大。

思路二

同类集中，固定收纳。把同类物品放在一处收纳，绝不分散，也不考虑行动路线。

固定收纳最大的优点是家里物品少、占用空间少，在相同预算内，可以买更喜欢、品质更高的物品，缺点是动线长，效率低。

收纳空间的完美规划

衣物收纳

以收、取动线最短为衡量标准，家庭衣帽间有两个相对合适的位置，一个是离晾晒、烘干场所比较近的位置，一个是离卧室或者浴室比较近的位置。

全家人的衣服都集中收纳在一个房间中，晾晒、烘干后的衣服可以直接在衣帽间内分类、整理、分区收起，不用再分发到各个卧室。衣帽间除了收纳衣物、被子，还可以收纳大件物品如行李箱、暂时不用的床垫等。另外，衣帽间衣柜可以不设柜门，所有衣物一目了然，拿取也更方便，还可以兼作更衣室。这些是普通衣柜无法做到的。

如果设置了衣帽间，卧室就可以去掉大衣柜了，这样空间也会变得宽敞，多出来的面积可以在窗边摆绿植、休闲椅、小书桌、瑜伽垫等，卧室的整体感觉和自由度将提高不少。

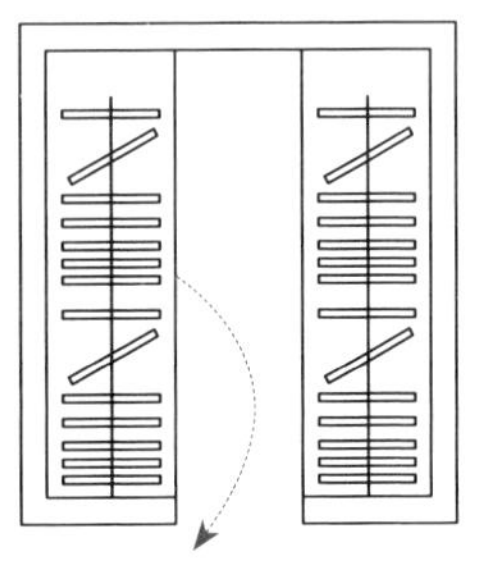

不设柜门的衣帽间，中间过道宽度最小只要 600 mm，比同等体积两个卧室的大衣柜少一个过道的面积，可以节省 1.2 m^2 的空间

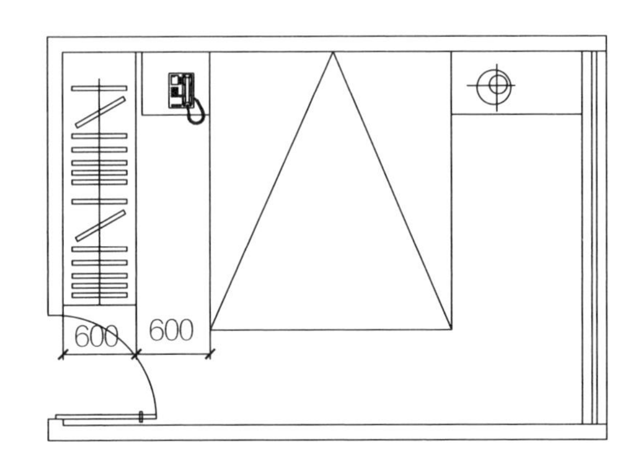

如果无法设置一个大的家庭衣帽间，也可以利用过道等半敞开空间或者玄关储物间作为卧室衣柜的补充收纳空间，可以把非当季衣物、旧衣物、被子、被套等集中收藏在此处，这样可以大大减轻卧室大衣柜的收纳压力，甚至可以取消卧室衣柜，而只设置五斗橱、三斗橱，以收纳部分内衣裤。

案例 1

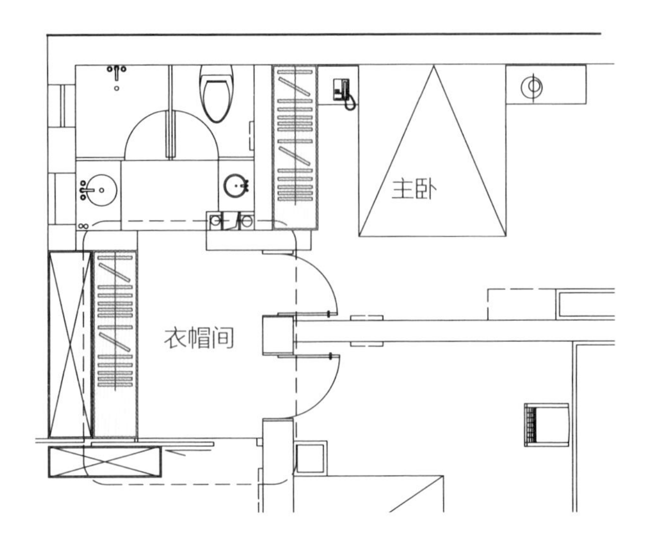

案例 2

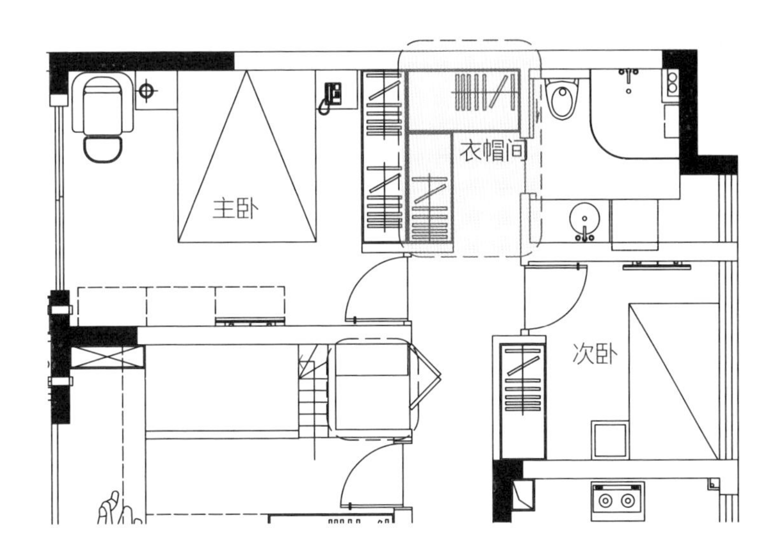

工具类收纳

①厨房清洁物品收纳。

水槽下面的空间是收纳厨房清洁物品的合适场所。不过这个位置有管道，也许还会有净水器、垃圾处理器，收纳需采用见缝插针的方式，局部分层架、分类盒等都是不错的收纳工具。由于这个位置属于容易受潮的区域，不建议放不防潮的物品。

②洗涤工具收纳。

洗涤用品最好和洗衣机放在一起，可以在洗衣机柜边上的空隙处设置拉篮收纳，如果没有空隙，可以买个活动侧柜放在洗衣机附近。如果边上没有空间，那么可以考虑用洗衣机上方置物架来收纳。

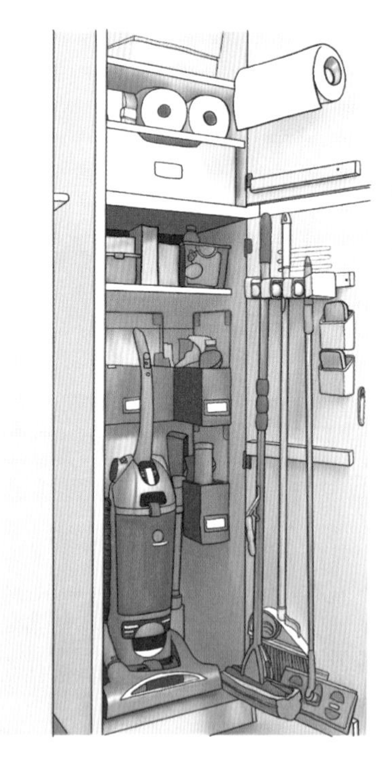

③劳作工具收纳。

拖把、吸尘器、扫把、刮窗器、扫地机器人等清扫工具及用品，电钻、榔头、老虎钳等劳作工具最好集中在储物柜内，不仅找起来方便，家务时间也能大大地缩短。扫地机器人收纳在工具柜下面，记得要设置好插座。这些东西都进柜子后，整个住宅也会整洁不少。

工具收纳柜可以只做框和门，以使内部空间最大化，用不锈钢梯柱自由分隔内部空间。加上分隔板及同色收纳盒，可以整齐地收藏各种尺寸的物品。也可以用洞洞板代替不锈钢梯柱，方便度会更高一些。

如果设计时没有规划独立的清扫、劳作工具收纳柜，可以利用合适位置的储物柜柜门背面收纳。冰箱侧面空隙、家务区墙面、储藏室、次要房间或者卫生间干区门背后也是可以考虑的地方。

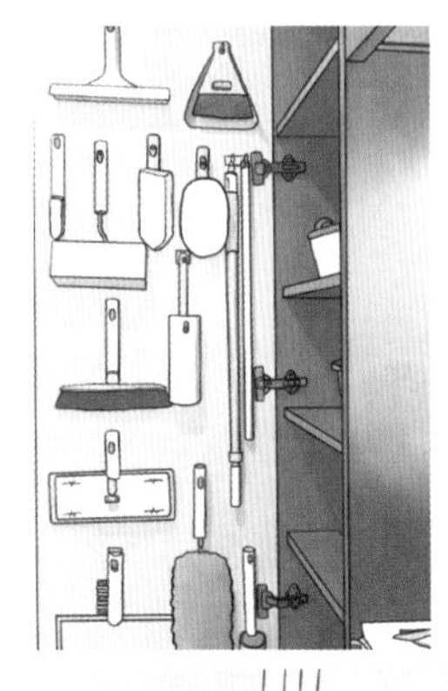
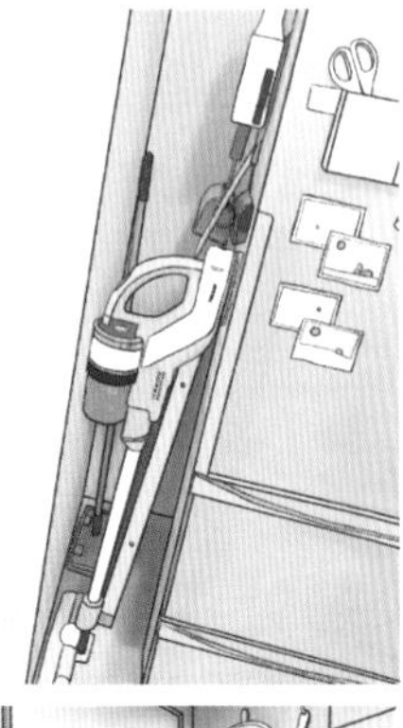
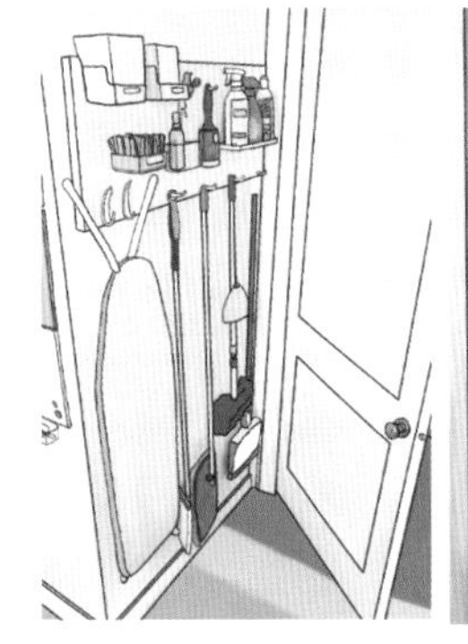
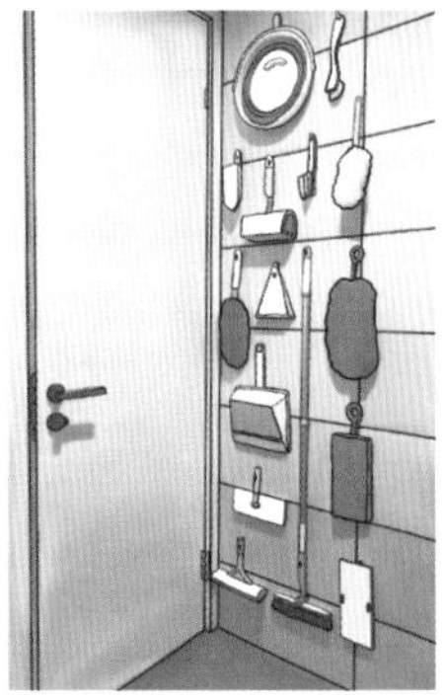
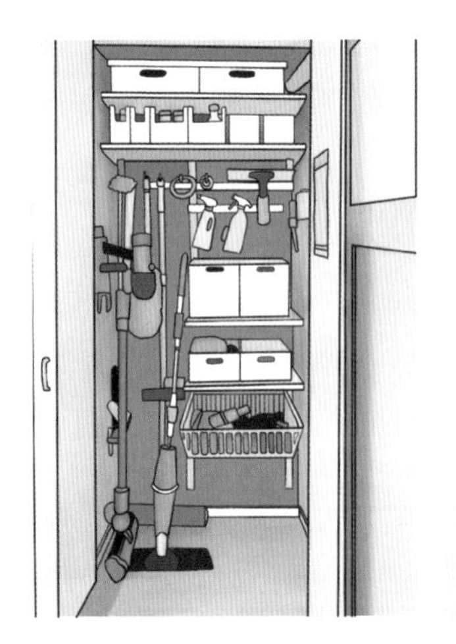
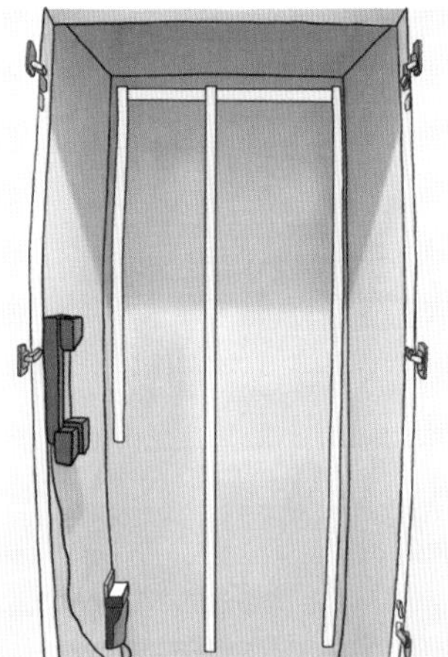

杂物类收纳

前期规划中，最容易忽视的就是杂物类的收纳。如果没有储物空间来收纳那些乱七八糟的杂物，颜值再高的家也是很难整洁的。杂物间可以和玄关储物兼用，一般 1 ~ 3 m^2 的空间就可以成为一个很实用的杂物间了。杂物可以归纳为以下两类：

运动交通类：球、球拍、滑板、轮滑鞋、钓鱼竿、自行车、婴儿车、登机箱、登山包、帐篷、睡袋。

闲置换季类：瓶瓶罐罐、风扇、旧家电、折叠椅、床等。

书籍收纳

书一般被收纳在书房的书柜里，但对爱书人士来说，光书房有书架是不够的，最好每个空间都有书架，包括厨房和卫生间，这样可以随看随收，以免各个房间都有书散落。

各处均布 就近收纳

用最短动线解决收纳问题

要就近收纳，就需要每个功能空间都有储物场所，方便随取随收。下图这个户型的设计就是用最短动线解决收纳问题，其中浅咖色部位为就近收纳，每个房间、每种功能活动区附近都有储物柜。

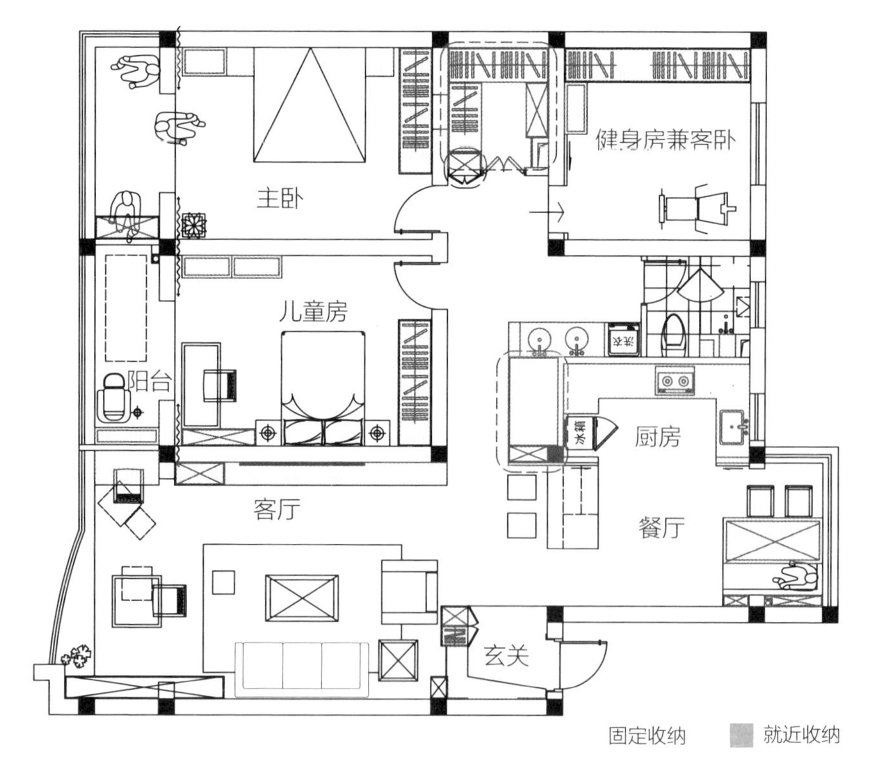

收纳总量预估

全屋收纳面积在全屋总面积中的占比是收纳设计的关键问题。一般收纳比为 10% ~ 12% 是比较合理的。不同高度的收纳柜，估算占地面积需要乘以不同的系数。收纳面积（估算）= 占地面积 × 系数（高 1.8 m 左右的柜子系数为 1，高 0.9 m 左右的柜子系数为 1/2，高 0.6 m 左右的柜子系数为 1/3。）

收纳比 = 收纳面积 / 套内面积 ×100%

以 100 m^2 的房子为例，高 1.8 m 左右柜子占地面积 3 m^2，高 0.9 m 左右高的柜子占地面积 5 m^2，高 0.6 m 左右的柜子占地 3 m^2，储藏室和衣帽间占地 6 m^2。于是得到：

收纳面积≈ 3×1+5×1/2+3×1/3+6×5/6=11.5（m^2）

收纳比 =11.5/100×100%=11.5%。

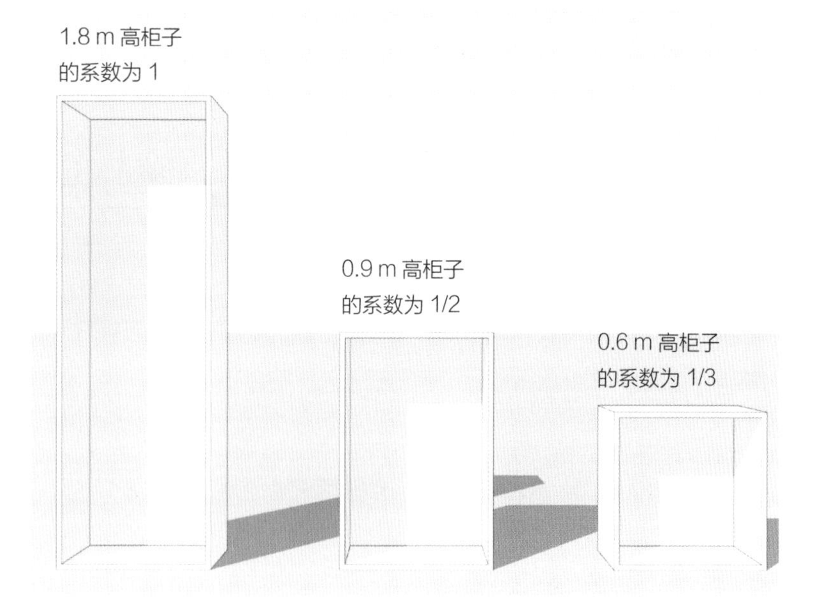

均布中的不平均

如果依据收纳物品量的多少对空间排序，那么由少到多依次是玄关、厨房、衣帽间、客厅，在平面规划阶段要特别关注这个排序，以便着重设计收纳空间。

下面案例中这套住宅收纳面积为 9.69 m^2，套内面积为 67 m^2，收纳比为 14.5%，由于柜子都是做到顶的，实际收纳效果大约能到 16%。

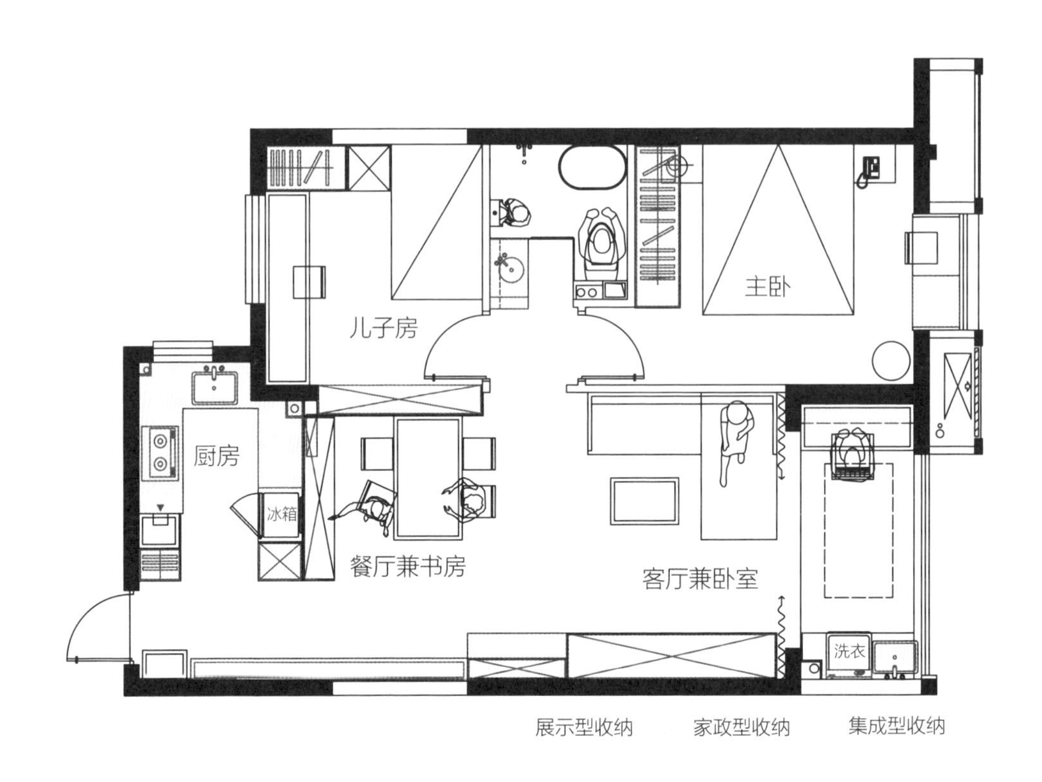

玄关收纳很重要，收纳设计中在考虑空间舒适性的基础上做到了寸土必争。下面这个玄关顶柜和侧面衣柜及同色侧墙挂衣处组合成一个大门框，入户不会让人有压抑感，但玄关空间储物做到了最大化。

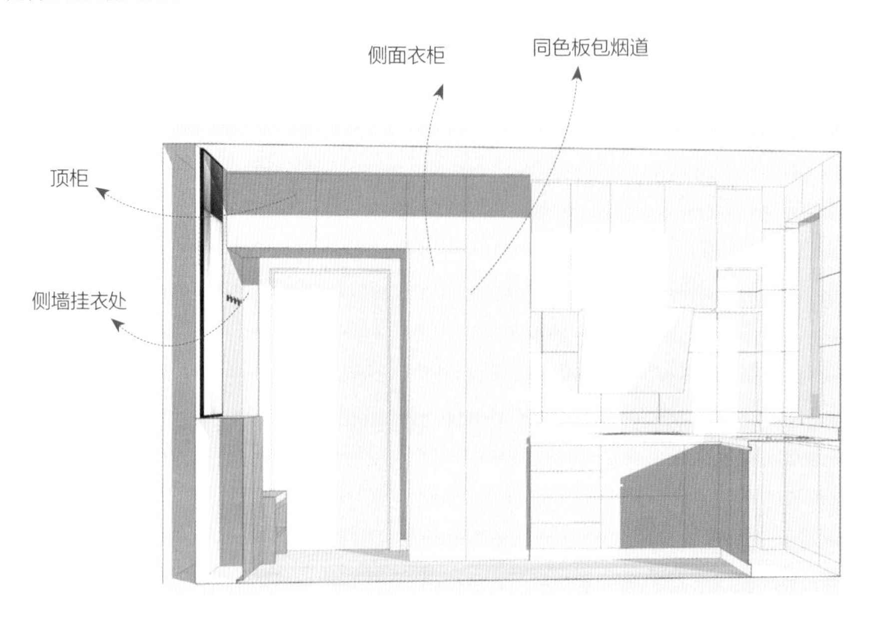

利用玄关、过道空间的超长鞋柜收纳全家的鞋子都绰绰有余，半高的设计不会给入户和过道带来压抑感

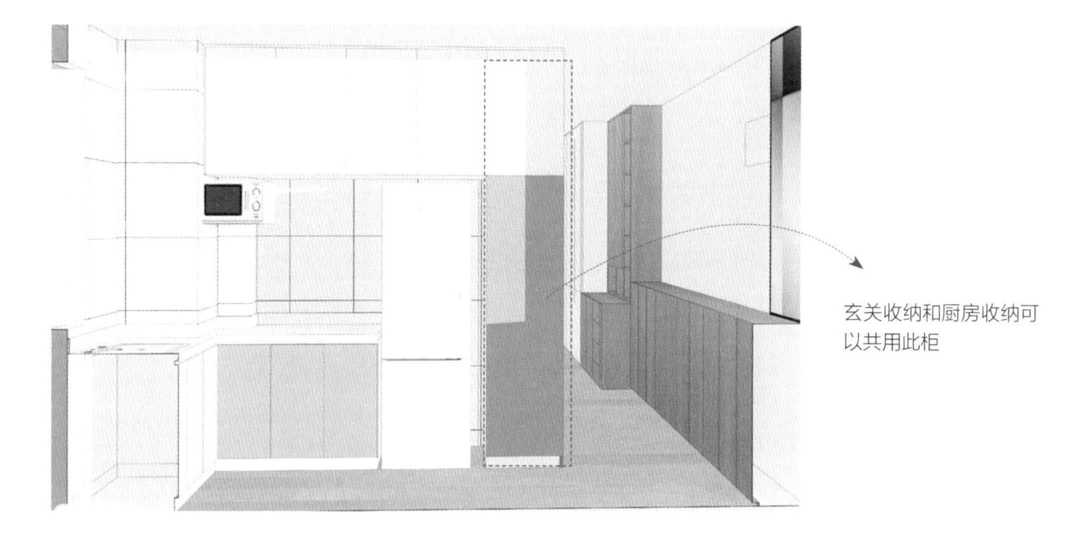

玄关收纳和厨房收纳可以共用此柜

通过以上几处的重点处理，原本没有玄关储物空间的房型，增加了储物空间，而且挂衣、藏衣、换鞋、收鞋、照镜子等需求都得到了解决。

物品的使用频率决定摆放的位置

是不是前面说的几项都做到位了，家里就能很整洁了？不是的，因为人都会犯懒，常常拿出来的物品懒得放回去，在外面越摊越多，导致整齐的家慢慢变得凌乱。我们假定随手一放的动作数为 0，1 ~ 3 个动作数属于可以接受的范围，可以作为常用物品的收纳区，可以随用随收。5 ~ 7 个动作数通常为储藏类物品的收纳，使用频率低，偶尔使用的物品可以收在此处。

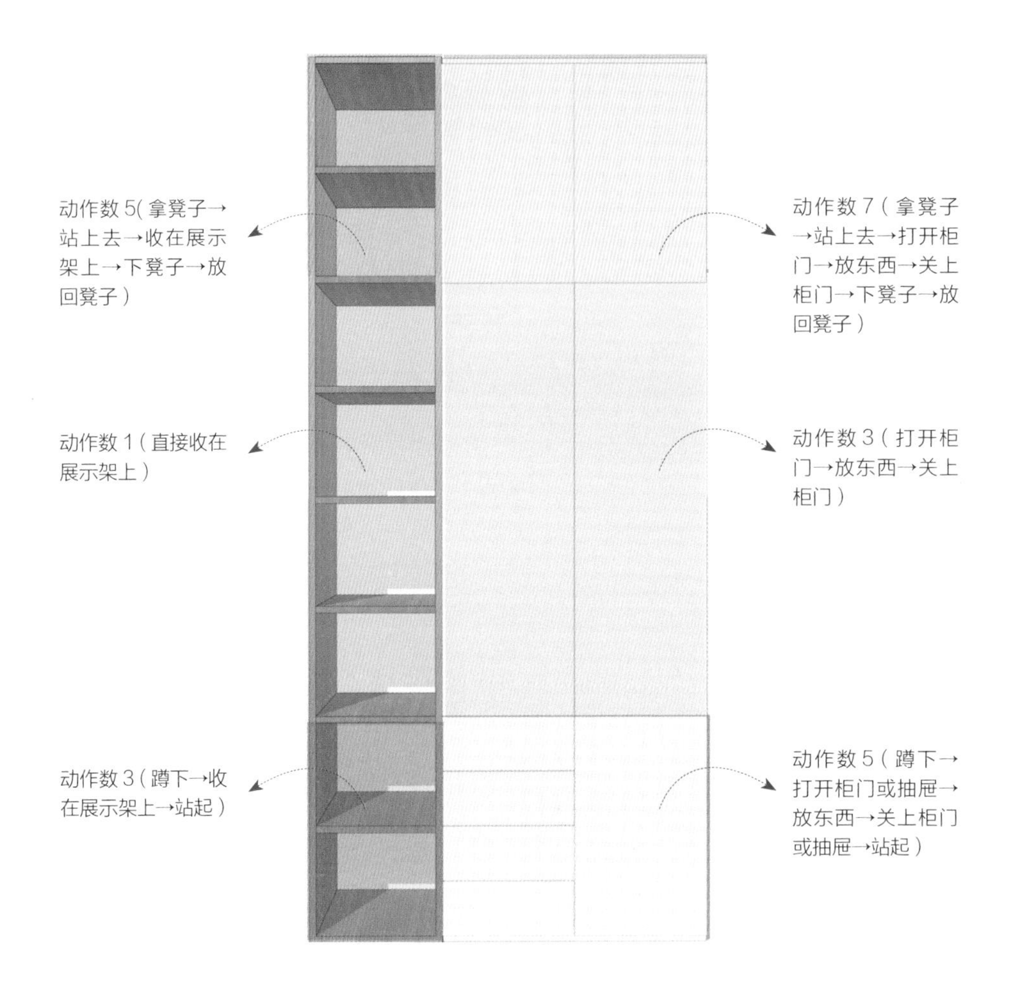

有藏有露，二八原则

同样的位置，外露收纳和抽屉、柜门内收纳相比，会少两个动作数，但是外露收纳会有不够整齐或者积灰尘的问题。是外露收纳和整理方便呢？还是柜内收纳方便呢？这里有一个平衡关系，一般来说好看的或者随手用的物品可以外露收纳，其他物品最好还是收纳在柜内或者抽屉内，这样整个家看上去会更整洁。

这个露藏比例是多少呢？露藏比为 2 ： 8 或者 3 ： 7 相对合理，居者可以根据自己的收纳习惯在这个范围内调整。

没有被逼疯的业主，都是懂点心理学的设计师

对过度执着于环境的业主，设计师一般会敬而远之，因为设计的本质是权衡利弊，扬长避短，对环境的过度执着容易破坏整体的均衡性。下面我们从居住心理角度、生理角度谈谈住宅设计。

买房前需要考虑的要素

阳光要作为第一考量要素

阳光乃万物生长之源，人们长期居住的住宅更是需要充足的阳光照射。

要特别注意房屋周围和住宅内的通风

修养身心的住宅，最好不要选择造型特殊的房子。如果卫生间位于住宅中央，必然通风、采光不佳，潮湿的空气被闷在室内，易滋生细菌，对健康不利。

厨房、卫生间在住宅的南面的房屋，油烟和臭气易扩散到全屋，同时也占用了南面阳光较好的位置，影响整个住宅的采光和通风。

虽然有些布局是可以通过巧妙的设计规避，但最好能在买房时就有所关注。

装修设计需要考虑的设计要素

进门不要见镜子等一切可以明显反射出人影的东西

开门突然看到人影，人容易被吓一跳。从这个角度引申来说，所有房门都不应该正对镜子。如果需要最好放在侧面，或者门边、柜门背后。

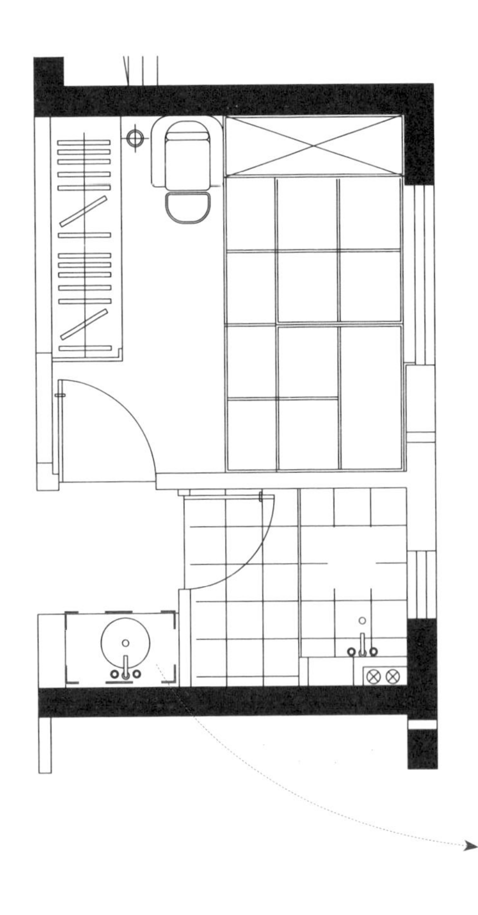

格局改造后，卧室门正对干区台盆柜，这时可以将镜子移到侧墙，这样既解决了镜子正对卧室门的问题，也不妨碍照镜子的需求

进门不见厨房和卫生间

厨房是生火做饭的地方，卫生间是藏污纳垢的地方，进门见厨房或卫生间容易影响居住者回家时的心情。如果遇到此种情况，需在设计时通过遮挡、移位等设计手法避免。

用玄关柜遮挡视线，厨房空间与玄关相连，增加了室内的通透性

大门正对阳台或者长廊

如果入户门正对房子的阳台，直行的空气在房屋中间穿堂而过，会导致门和窗之间的这段直线区域内空气流通速度较快，而其他区域的空气循环减慢，空气不能完全循环，污浊之气排不出去，影响居住者的身体健康。

如果大门正对较长的走廊或通道，视线上能一眼看到住宅内部，不利于保护家人的隐私。

遇到以上情况，可设玄关屏风或在过道设门来遮挡视线。

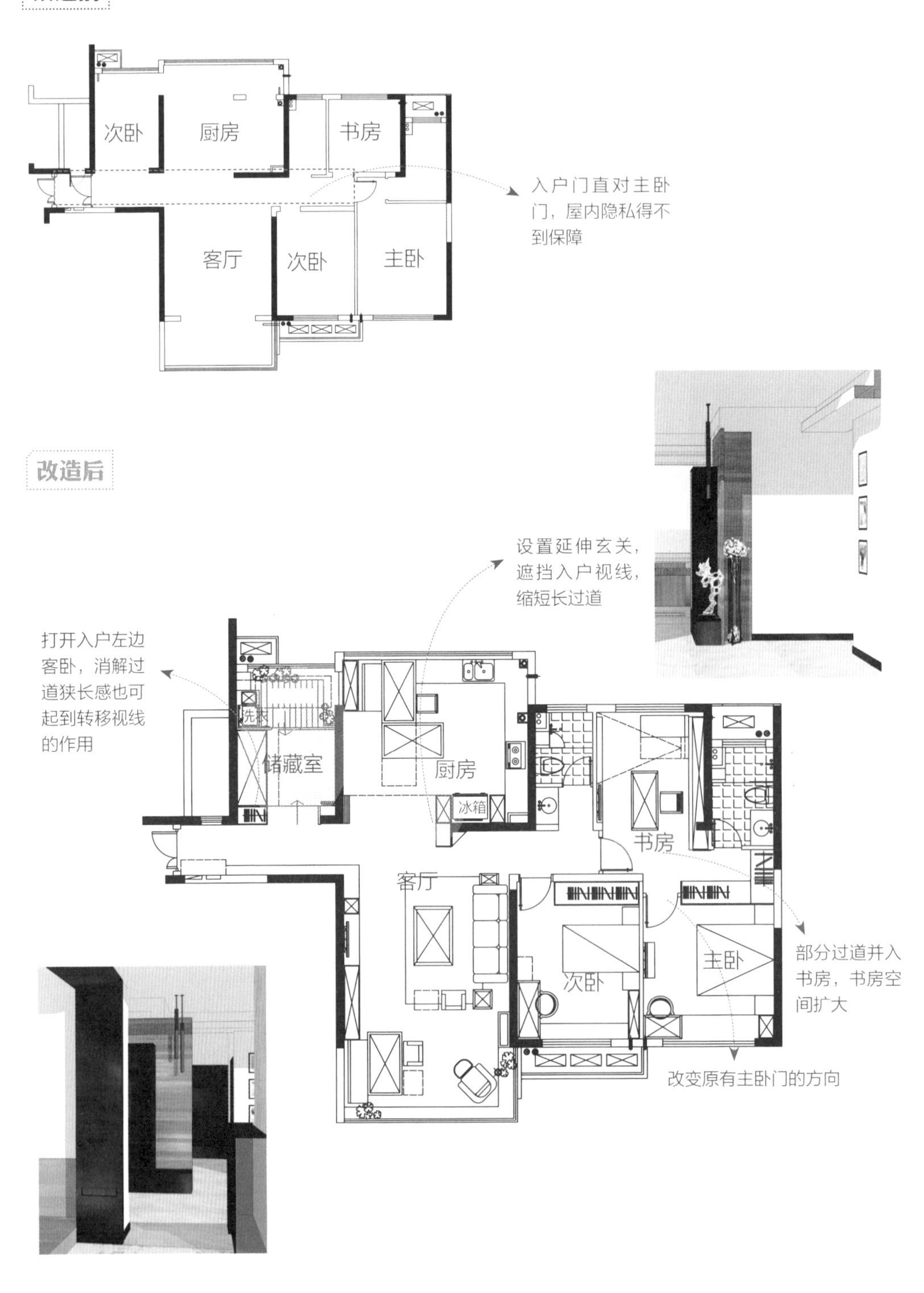
改造前
次卧
厨房
书房
入户门直对主卧门，屋内隐私得不到保障
客厅
次卧
主卧
改造后
设置延伸玄关，遮挡入户视线，缩短长过道
打开入户左边客卧，消解过道狭长感也可起到转移视线的作用
洗衣
储藏室
厨房
冰箱
书房
客厅
次卧
主卧
部分过道并入书房，书房空间扩大
改变原有主卧门的方向

浴厕不宜设在走廊尽头

屋内如有走廊，浴厕宜设在走廊边上，不可设在尽头，否则从卫生间溢出的湿气和臭气会扩散到相邻的房间。设计时，可干湿分开，调整卫生间布局。

浴厕中尽量保持空气流通

浴厕中最好有窗，并光线充足，以使屋内的浊气能迅速排出，保持空气清新。如果是暗卫，可用局部玻璃砖、玻璃门或室内窗增加采光，并用强力排风扇时时排风换气，可以有相当程度的改善。

如果卫生间位于户型中间的无窗位置，可以利用转角玻璃砖和木框玻璃门增加自然光

卫生间门不宜正对厨房门

厨房是加工食物的地方，厕所为不洁之地，如果厨房门和卫生间门相对，空气在流通的时候就会将细菌带到厨房，对家人的健康不利。

改造前

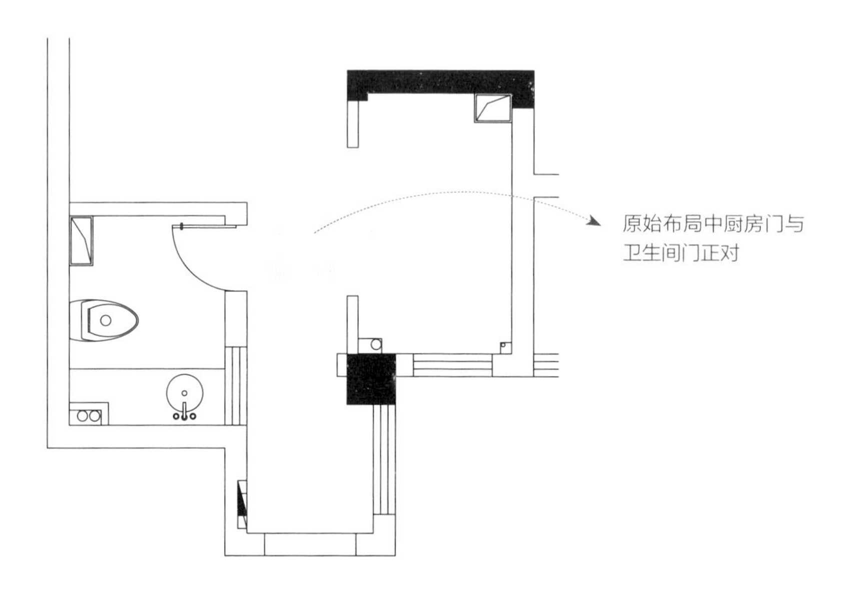

改造后

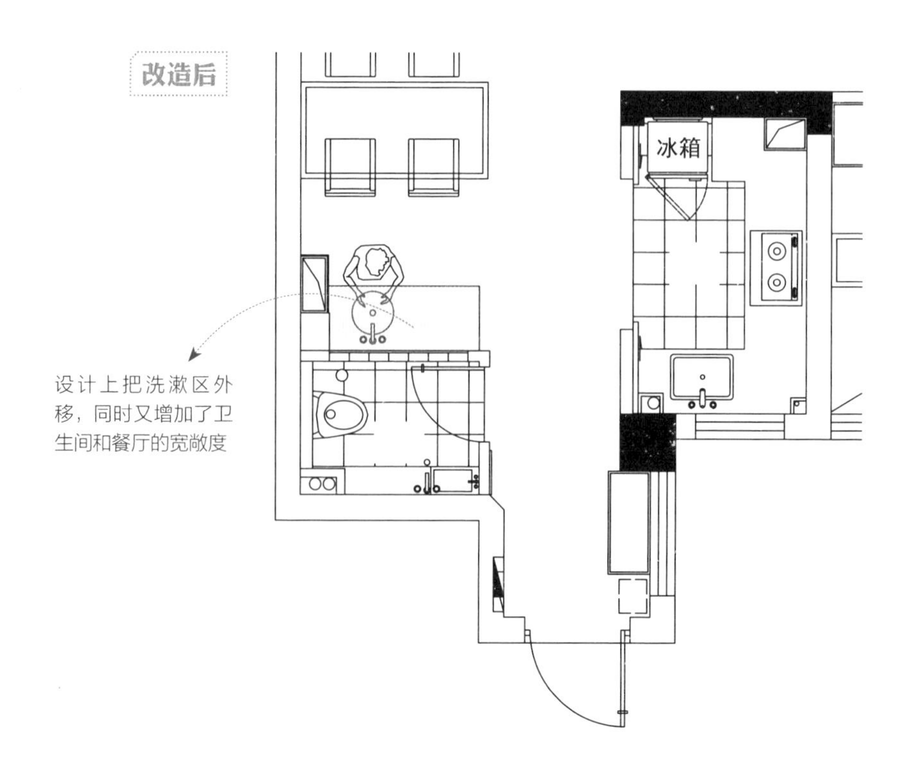

厨房门不要正对卧室门

卧室是休息的地方，厨房煮饭会产生油烟和炒菜声，使卧室的人难以休息。

内套卫生间的门最好不要对着床

如果内套卫生间的门对着床，那么卫生间里面的潮气和臭气就会进入睡房，会影响居住者的身体健康。

改造前

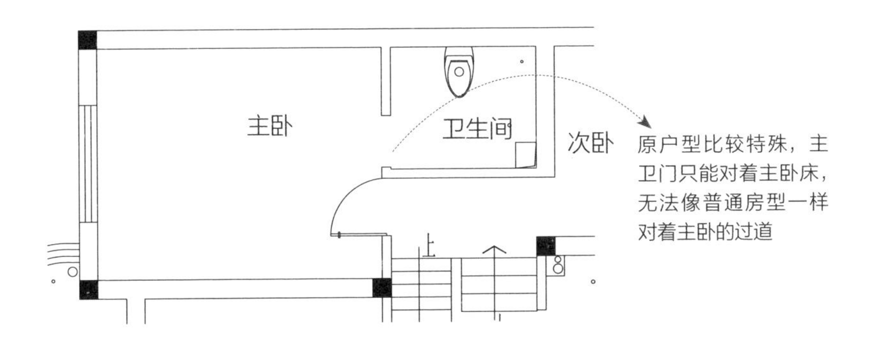

改造后

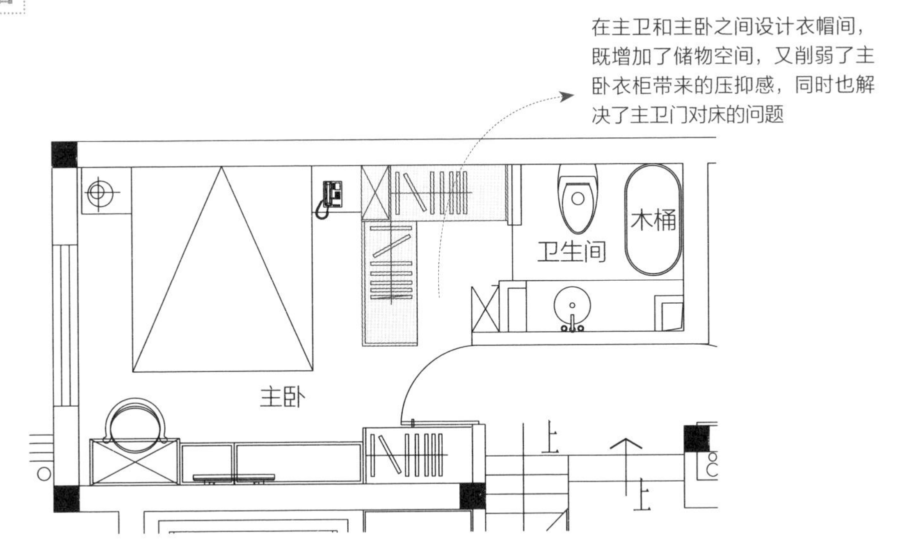

卧室床的床头不宜正对房门

睡觉时讲究的是安全、安静以及安稳，而房门是进出房间的必经之处，床头正对房门，容易让人缺乏安全感。设计时可在床头和门之间设置斗柜或格栅，这样能消解不稳定感，增加睡觉时的安全感。

床头最好不要紧贴窗口

窗口处有风，床头离窗口太近容易让人在睡觉时着凉生病。这里的光线很强，屋外的噪音也容易通过窗户传进卧室，会直接影响居者的睡眠质量。另外，床头在窗口位置，容易让在此睡觉的人缺乏安全感，造成精神紧张。如果床头靠窗位置最合理，可以选用高背床解决光线、通风和安全感的问题。

书桌的座椅最好背靠墙，不要背对着门

如果人背门而坐，座后没有依托，会使人缺乏安全感。书桌对着门放比较好，但在位置上却要避开门，不可和门相对，否则会让人精神无法集中。

3

更好住的家
6 种格局改造实例

修整角度，将空间要素化零为整

| 面积：套内 230 m²，院子 230 m² | 房屋类型：独栋别墅 | 居住成员：一家三口（儿子 15 岁） | 位置：杭州 |

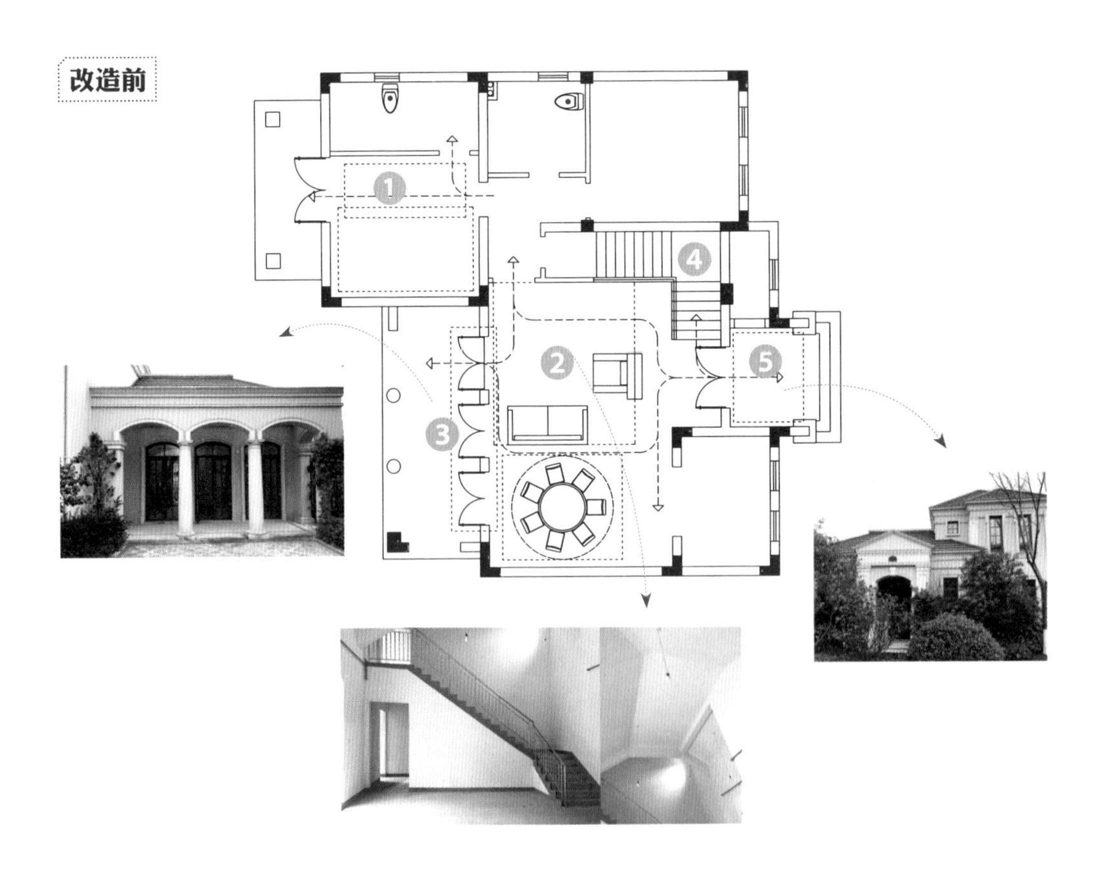

问题

1. ▸ 南卧有 1/3 的面积被通往院子的过道占用
2. ▸ 客厅四面被各个房间的出入口围绕
3. ▸ 客厅的三扇玻璃门虽然增加了客餐厅的采光和通透感，但也破坏了空间的完整性和围合感
4. ▸ 楼梯占用客厅空间过多
5. ▸ 北入口占用面积大

改造后

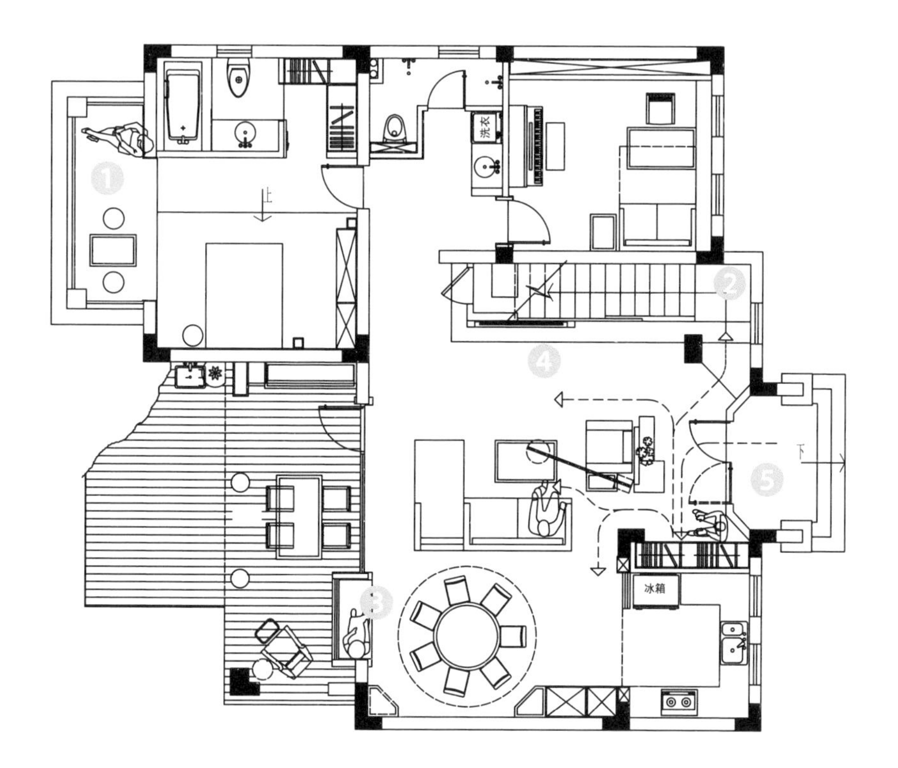

1. ▶ 取消这里通往花园的门，将向外拓展的空间做成卧室的飘窗
2. ▶ 将楼梯入口移至原储物间位置，把空间让给客厅
3. ▶ 将其中两扇门封闭做成飘窗，只留一扇必要出入的门
4. ▶ 在原楼梯口位置设计电视背景墙
5. ▶ 缩小北入口空间，将空间让给客厅

屋主需求清单

- ☑ 改变入户门与客厅院子门相对以及两个卧室门对门的情况。
- ☑ 改变客餐厅被五个出入口围绕的现状。
- ☑ 缩小楼梯占地比例。
- ☑ 将孩子的房间布置成日系风格。
- ☑ 希望能有一个壁炉。
- ☑ 院子里要有类似枯山水的布局，可以席地而坐、卧。
- ☑ 有可以烧烤的装置，有一个小鱼池，有鹅卵石铺就的小径。
- ☑ 要有一个可以洗衣、晾衣的方寸之地。

设计师格局改造重点

改变空间位置，最大限度地拓展客厅空间

原有客厅小，又四面透风，唯一能拓展的方向就是楼梯和入户门外的储物间。如果将楼梯和储物间腾挪位置，便可以拓展客厅空间，也能解决客厅在该方向透风的问题。

改造前

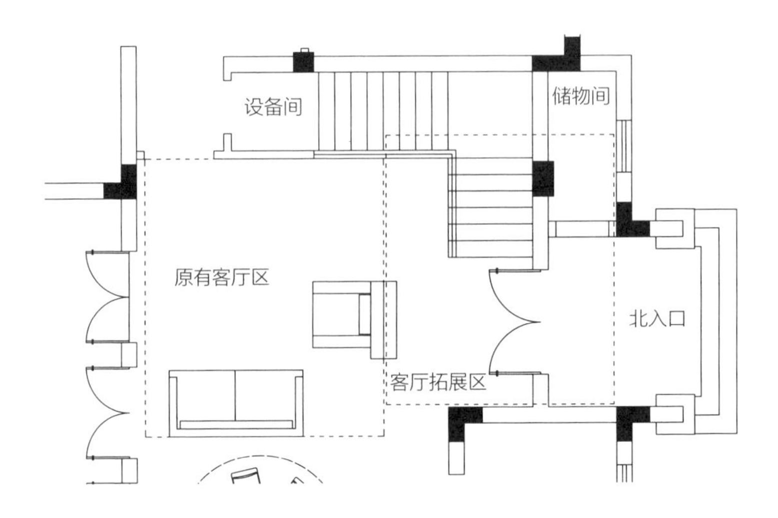

改造后

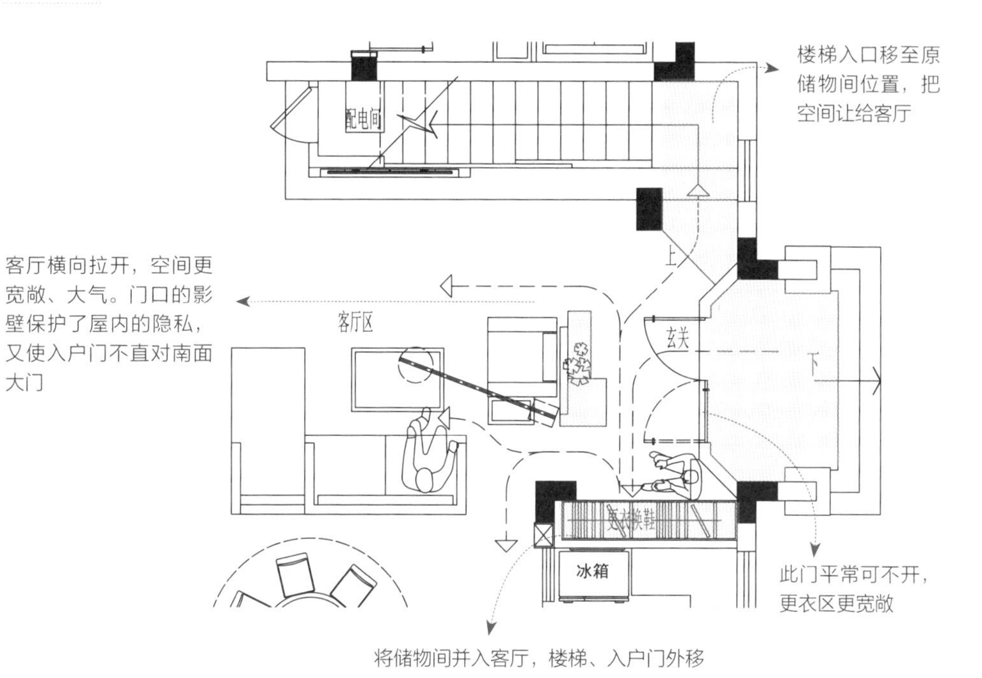

将储物间并入客厅，楼梯、入户门外移

重点2 放弃两扇门，改为落地玻璃窗，增加空间围合感

客厅的三扇门使空间过于通透，破坏了客餐厅和门廊的围合感，可以把其中两扇门封闭（如蓝框内），只留一扇必要出入的门。

改造前

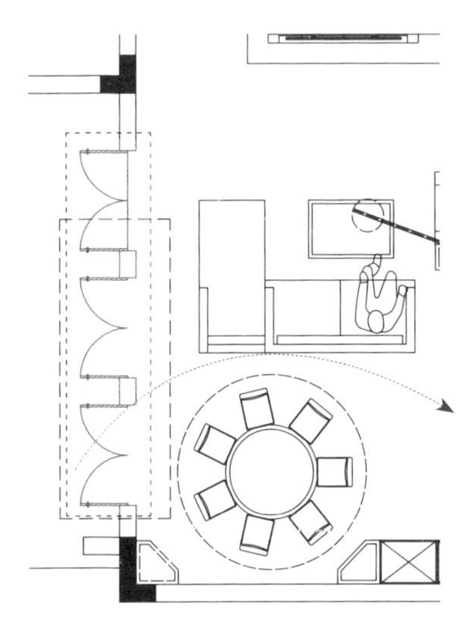

改造后

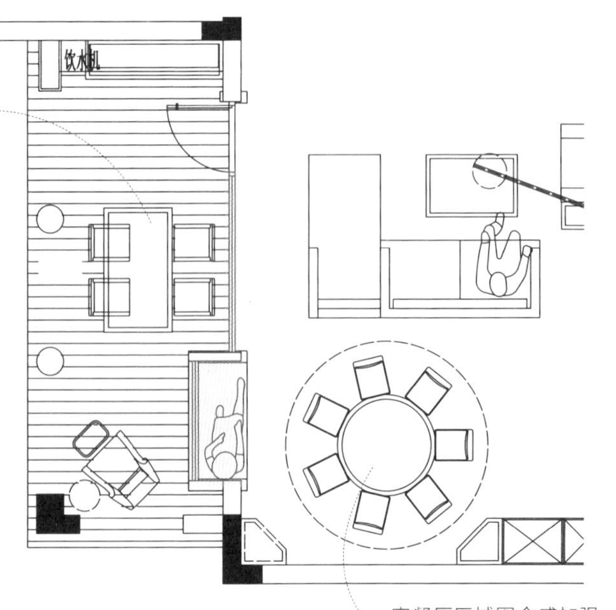

在户外门廊处利用封门自然形成的凹凸空间设计边柜、茶桌、休闲椅

门上大面积的上翻窗，为居室提供足够的通风和采光

储物飘窗作为看书观景平台

客餐厅区域围合感加强，空间更舒服

重点 3 门改飘窗，增加卧室使用面积

男孩卧室的一扇门直接通往花园，但是这扇门的过道占用了卧室的很多面积，而且现有的空间采光不是很足。

考虑到客厅可以通南院，便取消这里通往花园的门，向外拓展空间，做成室内飘窗，不但加大了采光面，也增加了卧室面积。

改造前

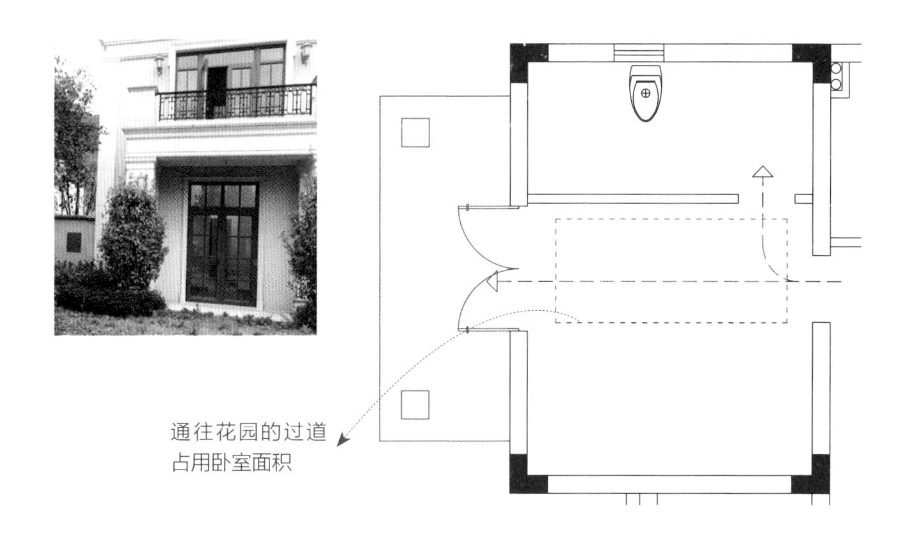

改造后

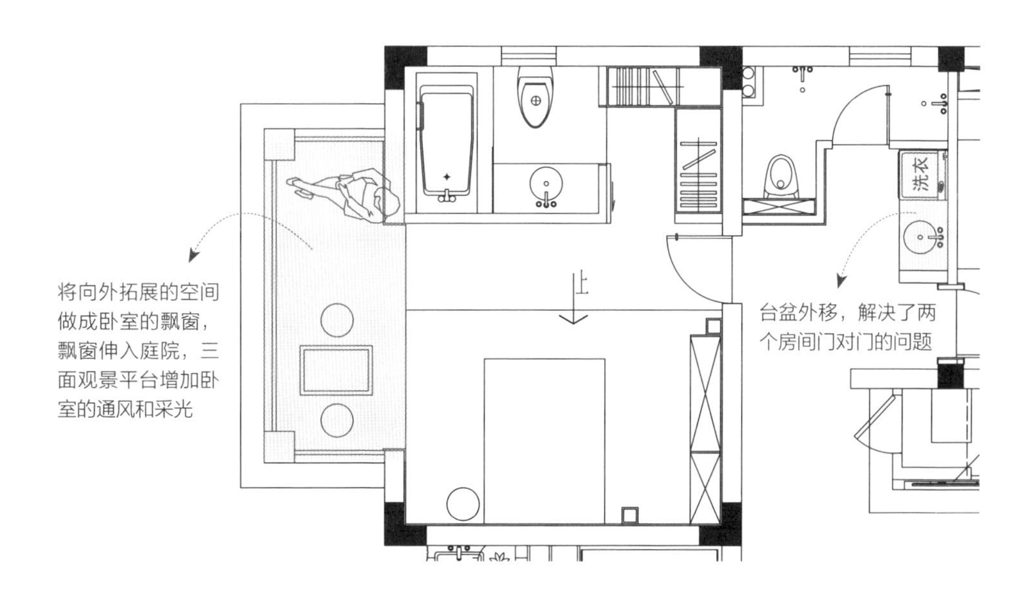

重点 4 运用穿插、步移景异、平衡的设计手法，借助高低结构顺势设计出趣味开敞空间

穿插

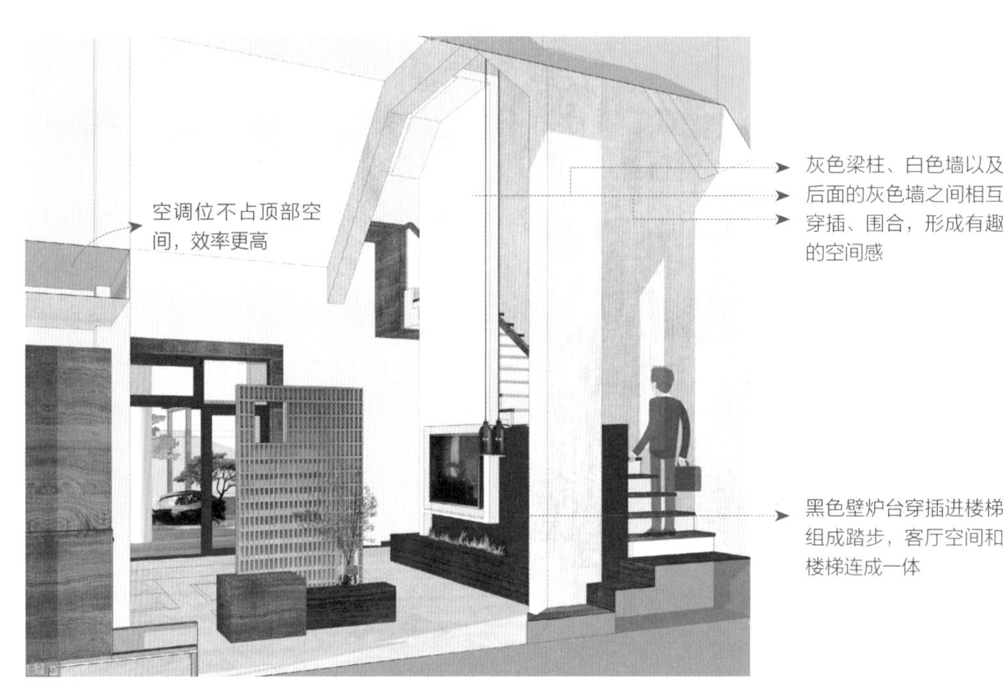

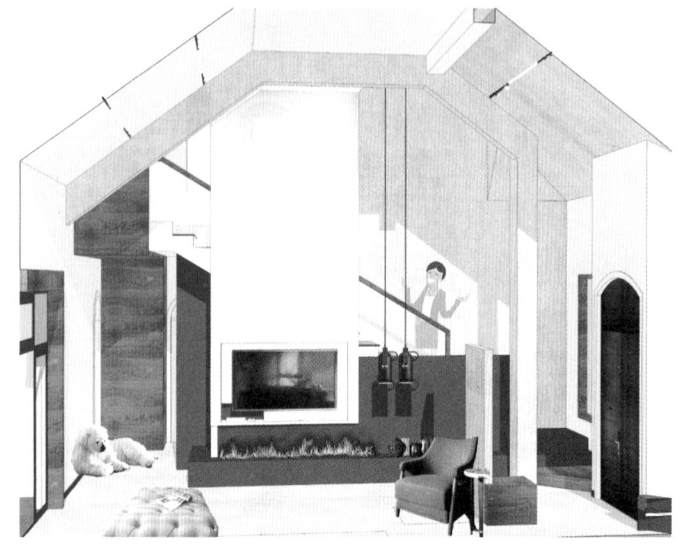

步移景异

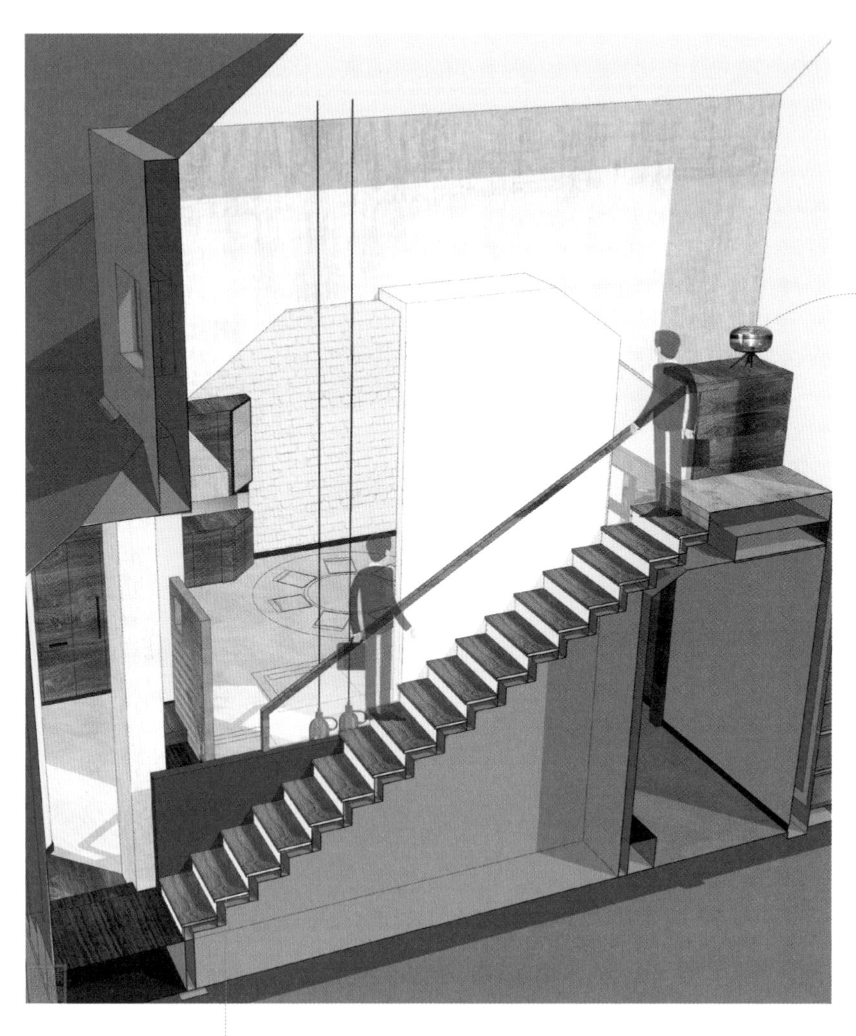

楼梯照明可以一键同时打开，上下楼梯向客厅观景，充满空间变换的乐趣，而所有变换都是自然形成的，毫无人工做作感

上下楼梯，移步异景，充满生活乐趣

平衡

一个空间是不是让人感觉舒服，“平衡”是关键。在室内设计中有两种平衡的手法，一种是“对称”，“对称”在住宅设计中比较少见；另一种是“秤砣式平衡”，即小和大之间的平衡。客餐厅空间与楼梯区域达到了空间设计上的平衡，餐厅墙面的文化石与电视白墙形成呼应，而球形萤火虫灯则成了整个空间的点睛之笔。

重点5 打造小主人喜欢的日式风格

业主儿子现阶段比较喜欢日本文化，他希望将自己的房间设计成日式风格。对各地的装修风格，我们可以借鉴，但借鉴的基础是居者的感受，风格只是外在的表现。而设计需要考虑长期性，就算以后不喜欢日式风格了，还是能继续喜欢这个房间。这就需要设计师把握日式风格恒久的一面。

①较多采用自然质感的材质，以表现日式风格淡雅、节制、深邃、禅意的意境。

②空间要有秩序感，线条要清晰、利落，有较强的几何立体感。

③清冷的表象下面有相当的温情。

④家具、物品相对较矮，房子上半部留白较多，照明要柔和，要给人以安静、安稳的感受。

重点6 满足易打理的诉求

由于榻榻米不易打理，所以设计上用地板加地台的形式，使用时可以选用相对厚一点的床垫。门外空间扩成飘窗后，整个房间的通风、采光、围合感大大加强，在飘窗可一览南院美景。

卫生间用小方砖、黑色窄框玻璃、木纹柜展现日式风格细腻、清爽、自然的气质。

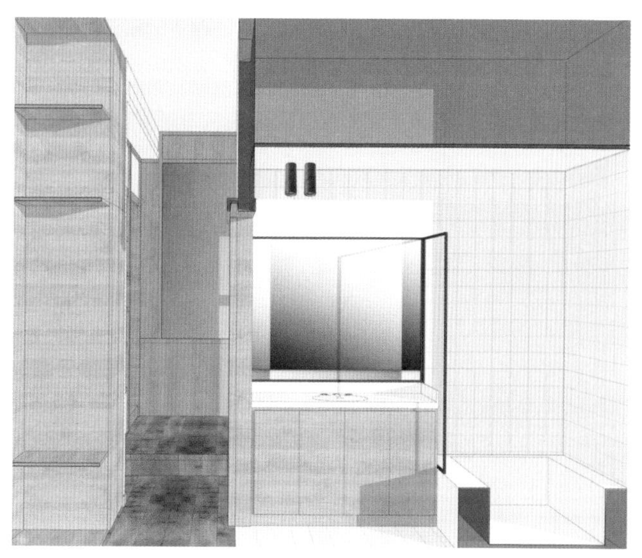

重点 7 足够的收纳空间

房间整洁干净的基础是有足够的收纳空间，衣帽柜、展示柜、飘窗储物柜三个不同位置的收纳空间，保证了整个房间的整洁。

重点 8 最美的庭院是亲近自然的空间

别墅庭院设计不同于私家园林强调的“游”“观”功能，别墅庭院设计讲求“互动”，院中每一处居者都可与其亲近。

庭院设计有两个着眼点。其一是视觉美感，以枯山水景观为视觉中心，从房间看庭院，葡萄架和左右两棵树的景观组合构成了整个视野的大背景。从葡萄架角度向房子看，房子是庭院的背景。

其二是人的赏景动线，从廊下平台坐观鱼池，到挑空平台处戏水或禅坐于红枫树下和磐石旁，再到延卵石小径绕红枫树和磐石而行，再到葡萄架下，在大树边或坐，或站，或独处，或会客烧烤。

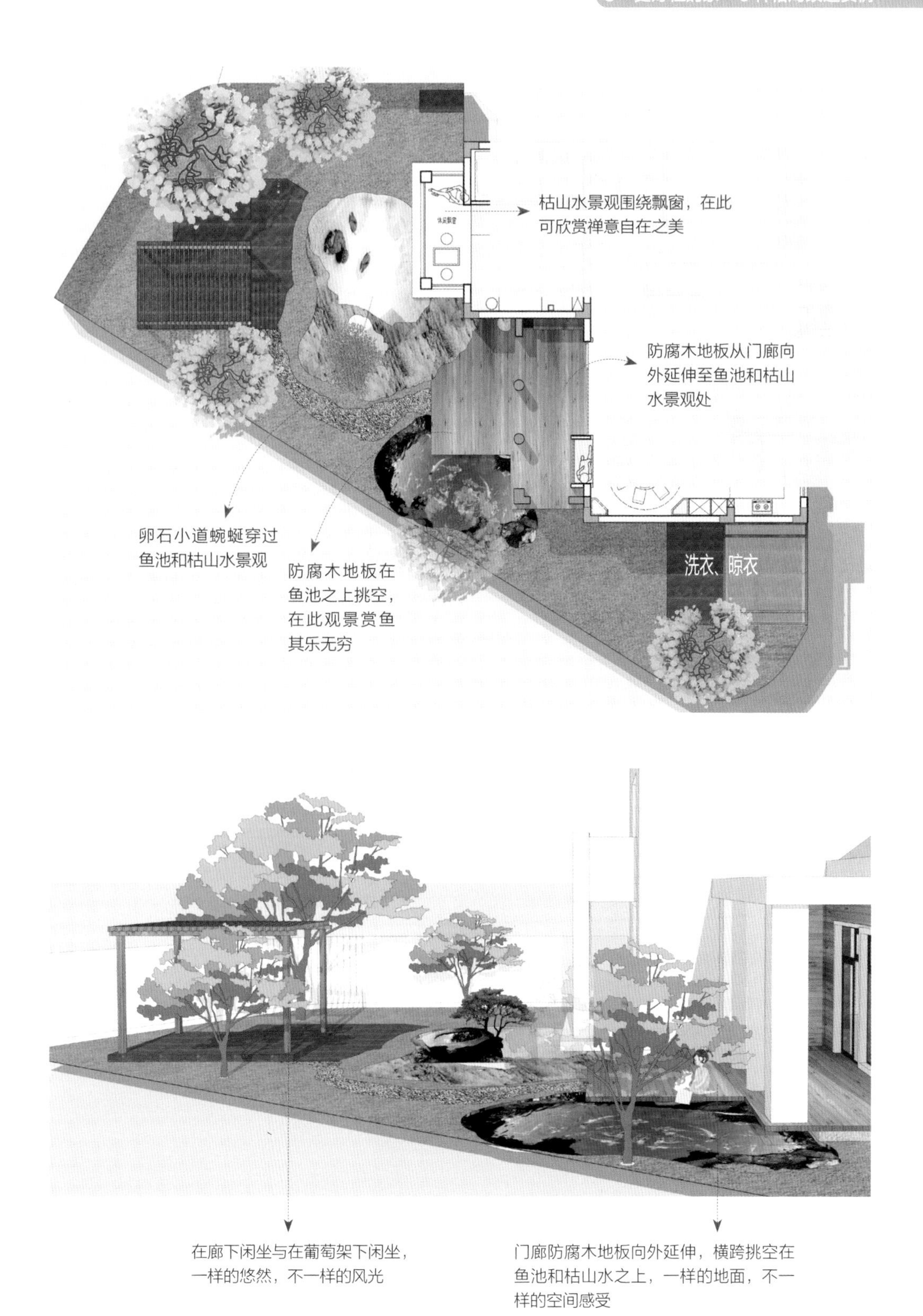
枯山水景观围绕飘窗，在此
可欣赏禅意自在之美
防腐木地板从门廊向
外延伸至鱼池和枯山
水景观处
卵石小道蜿蜒穿过
鱼池和枯山水景观
防腐木地板在
鱼池之上挑空，
在此观景赏鱼
其乐无穷
洗衣、晾衣
在廊下闲坐与在葡萄架下闲坐，
一样的悠然，不一样的风光
门廊防腐木地板向外延伸，横跨挑空在
鱼池和枯山水之上，一样的地面，不一
样的空间感受

回字形动线把家化为孩子嬉戏的游乐场

| 总面积：150 m² | 户型：2 个 3 室 2 厅 1 卫 | 居住成员：夫妇二人、女儿（入住时 10 岁）、儿子（入住时 4 岁）
| 位置：四川资阳 |

改造前

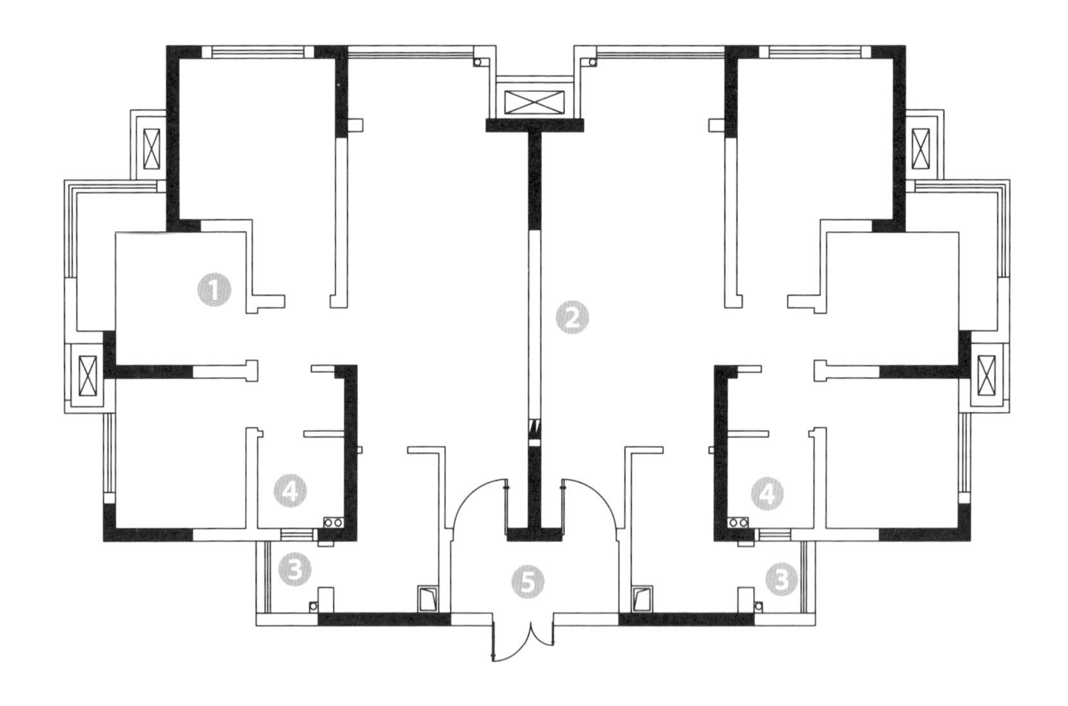

问题

1. 房间太多且每个房间都很小
2. 两个空间无法完全连通，能够真正打通的部分约 3 m 长。开放之后两端的卧室房又正对着，不利于隐私的保护
3. 厨房与厕所共用一个很小的生活阳台
4. 厕所偏小又是半暗卫
5. 两户共用过道，空间得不到充分利用

家居装修最重要的是设计，设计中最重要的是布局，所以前期户型规划一定要做到位，后期细节部分可慢慢添加或找机会再改。

改造后

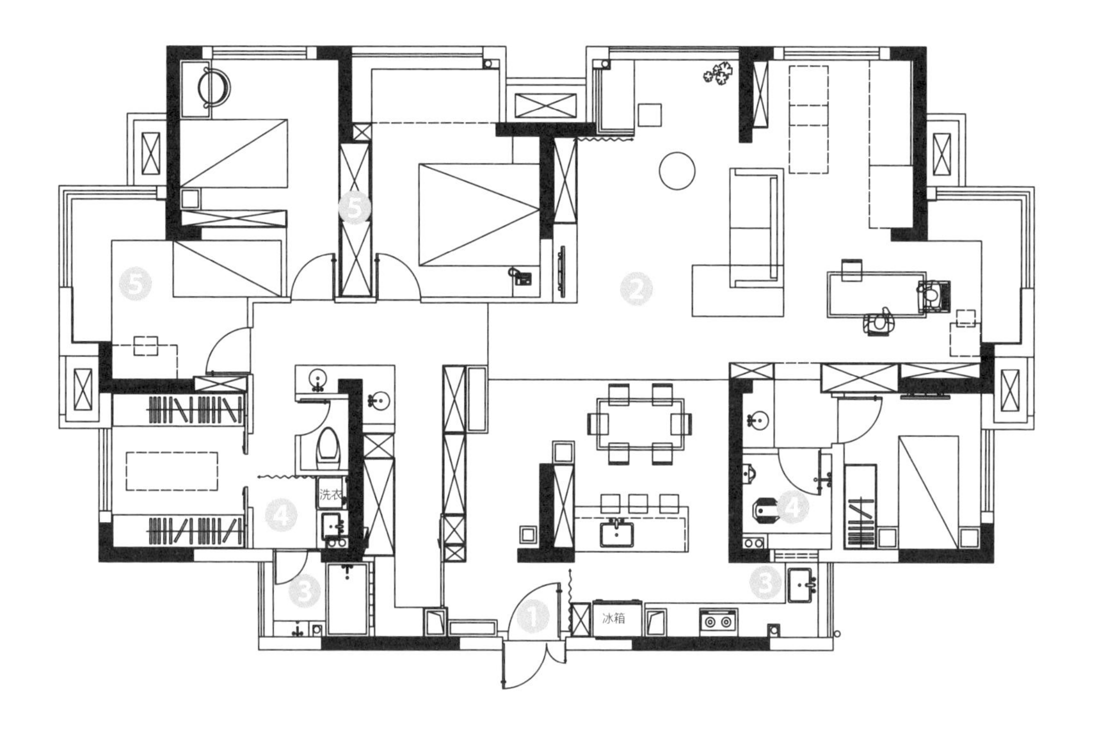

破解

① ▸ 将两户打通，充分利用户外过道，将一部分空间规划成进门玄关，增加储物空间

② ▸ 将两户客厅之间的墙打通，左边户型的两个卧室和客厅组成新的大客厅公共空间更开阔

③ ▸ 拆除两个生活阳台，消除畸零角落。左边阳台让给浴缸，右边阳台让给厨房

④ ▸ 卫浴空间四分离，拓展使用空间。脱、洗、晾、收、整理在 U 形动线内快速完成

⑤ ▸ 墙面退缩，为卧室争取更大的空间

屋主需求清单

☑想要浴缸。

最喜欢的是日式的四分离卫生间，希望有独立的浴室，可以洗澡泡澡，浴室要与洗衣家政间相连，实现超短的脱、洗、晾、收、整理的家务动线。

☑大人的家庭衣帽间。

全家人的衣物是由同一个人来整理的，与其变换每个房间作为收纳整理的场所，不如在一个地方整理衣物来得方便，工作量还能够减轻一些。

☑宽敞、功能强大的玄关区域。

要在这里放置出门用的包、卡片、车钥匙、大门钥匙、外套、鞋子甚至备用的袜子等，以及包裹，需要带出门的垃圾等。

☑公共区域收纳空间要大。

家有儿女，要收纳的东西太多了，增加储物空间的同时希望保持各个区域的储物灵活性。

☑需要一个中央控制室。

这个中央控制室，就算是坐下来，也能够照顾到孩子们。孩子在家的任何地方，都能知道大人的存在，一抬眼就能看见，一张嘴呼喊就能答应，要给孩子们妥妥的安全感。这个中央控制室也可以作为自己的休闲放松地，在那里能够安静地坐下来想一想诗和远方或者做一做手工。

☑开辟一块健身区。

两个孩子年龄相差较大，能够帮上手的成年人太少，去健身房以及去小区遛弯都是难以实现的，因此需要在家里开辟一片健身场所，可以在这里做瑜伽、健身操等。

☑要有孩子们的游乐场所。

要给孩子们安排一个可以滑滑梯、攀岩、荡秋千的游乐场所。

设计师格局改造重点

重点 1 **运用三大动线，设计方便灵活的入户方式**

两户合并后户外过道被充分利用，正对入户门的T形墙无法敲掉，那就在此顺势做动线分流。

改造前

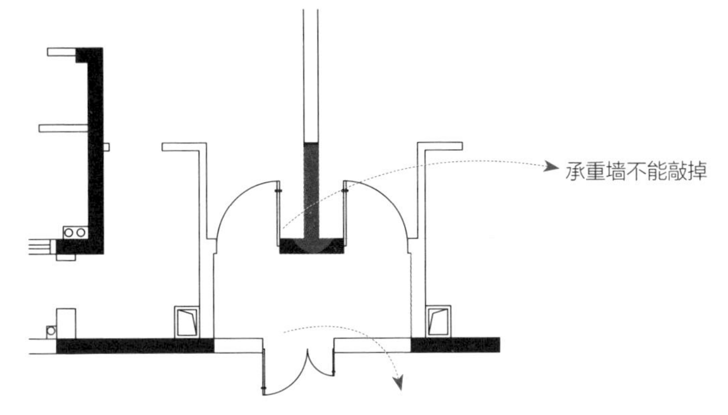

改造后

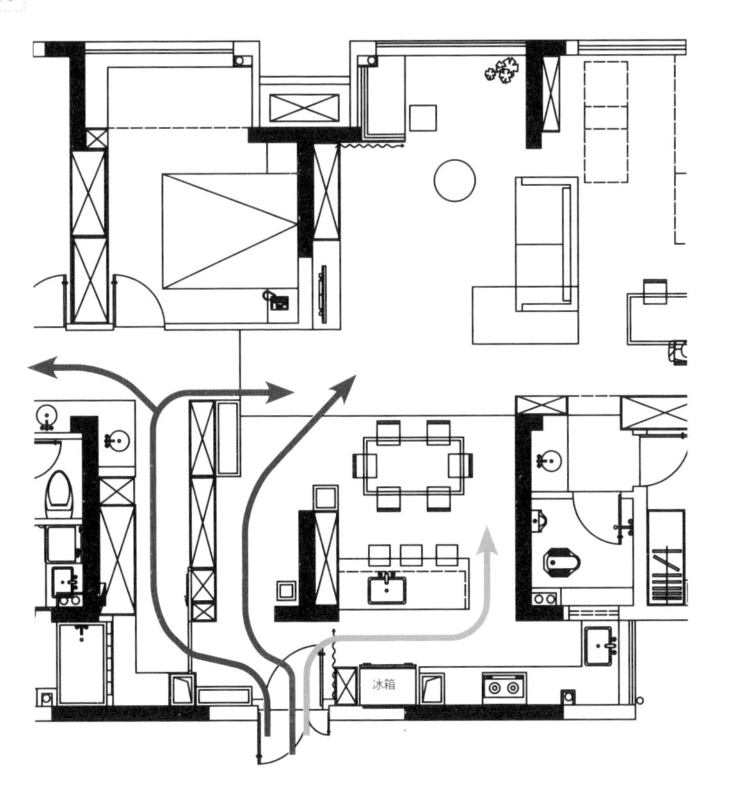

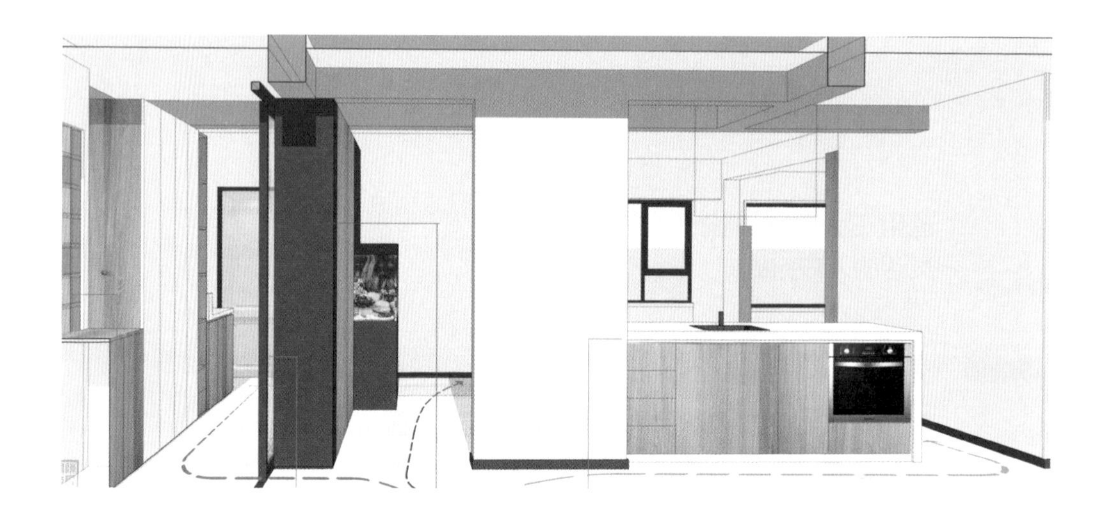

■访客或家人可以在玄关换鞋后直接进入客厅
■家人换鞋后可以把随身带的东西放在玄关储物柜，然后洗手进卧室或者客厅，出门时可以在玄关换衣、拿好需要的物品
■买菜回家，换鞋后可以直接进厨房，将菜放进冰箱或者水槽，然后进入客厅

重点 2 将收纳空间利用到极致的定制收纳

将光线从左右两边引入玄关

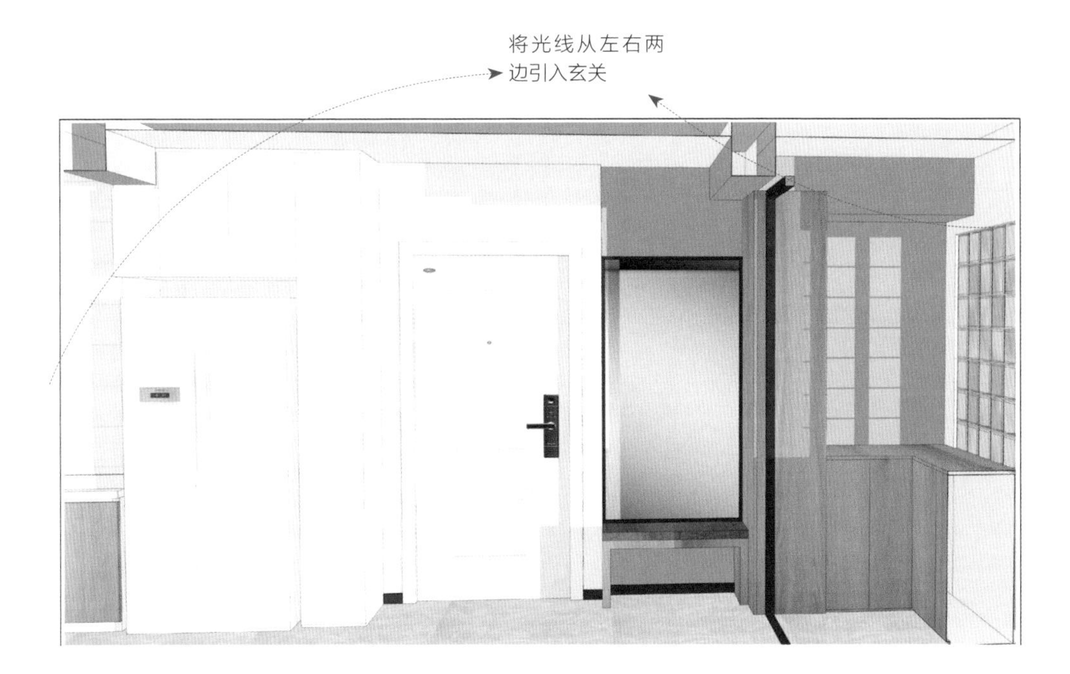

带门储物柜与开放储物柜配合使用

从玄关进来可以直接洗手、洗脸

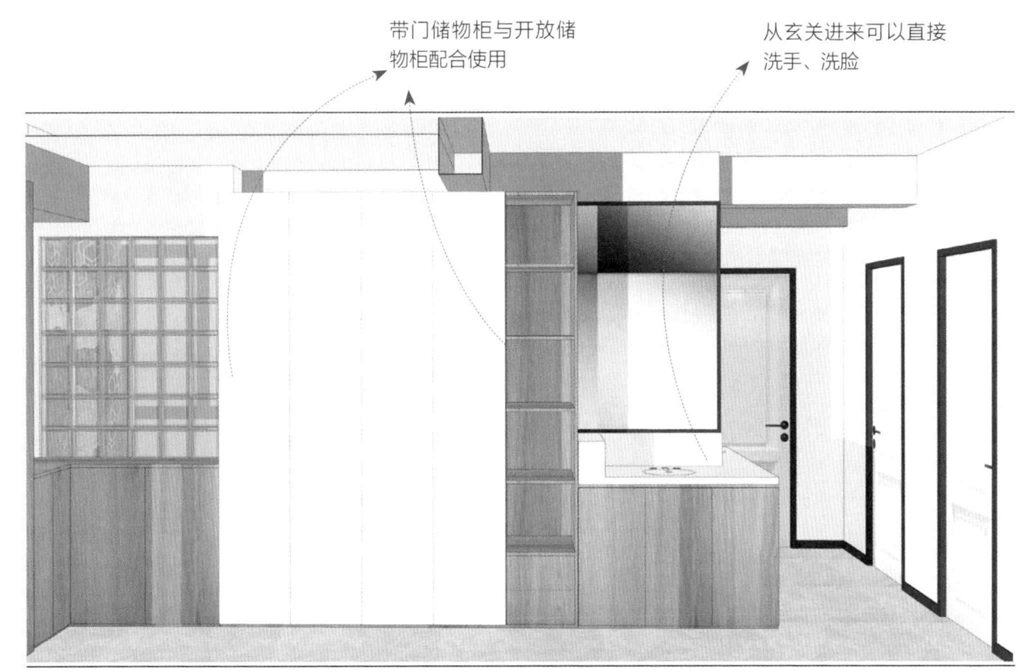

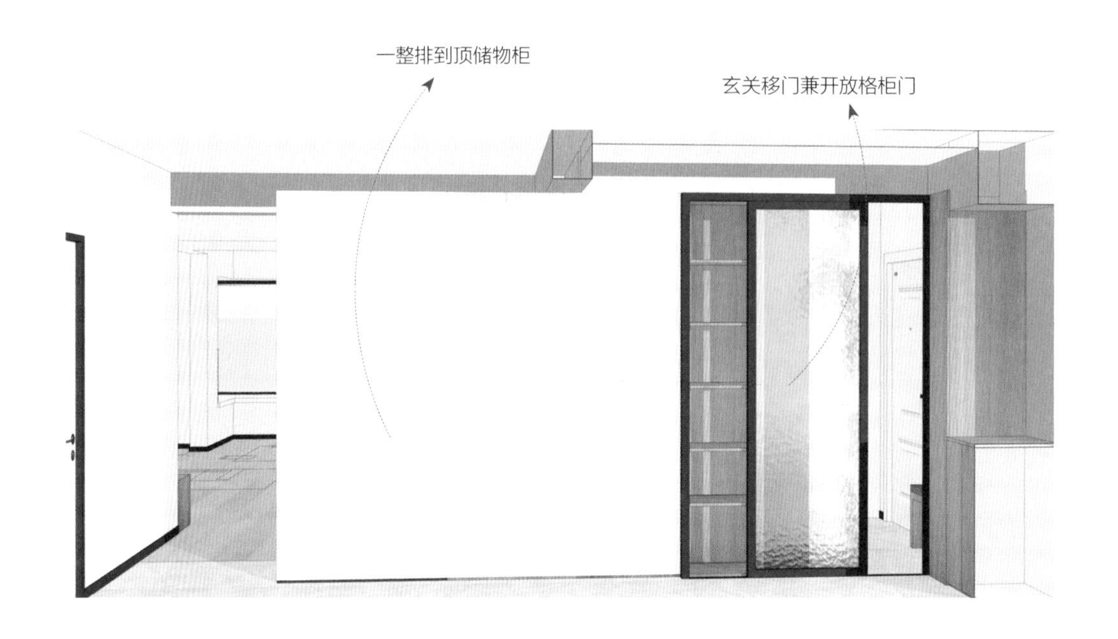

巧妙的浴室四分离，脱、洗、晾、收、整理在U形动线内快速完成

改造前

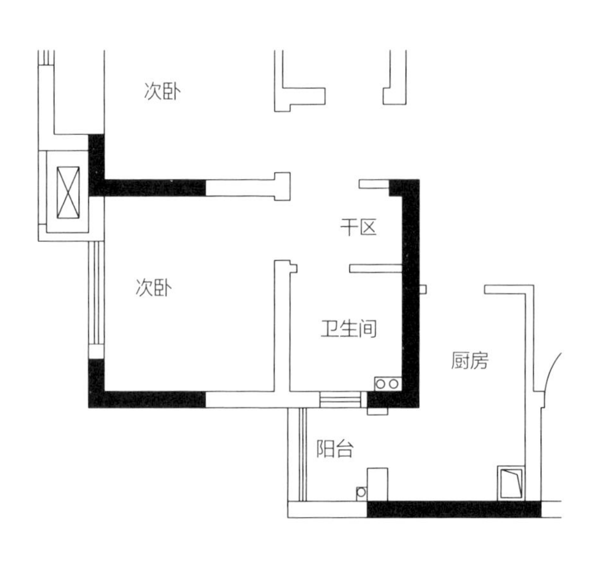

繁重的家务是享受生命和自由的主要障碍，家居设计的重点之一就是通过规划尽量减少做家务的时间。理想的动线是从衣帽间拿取衣服到换衣处放好→拉上布帘→脱衣放进洗衣机→进浴室淋浴或泡澡→擦干→浴巾放进洗衣机→换上干净衣服→衣服洗好后烘干→进衣帽间晾晒→干衣服带衣架归类到无门衣柜。

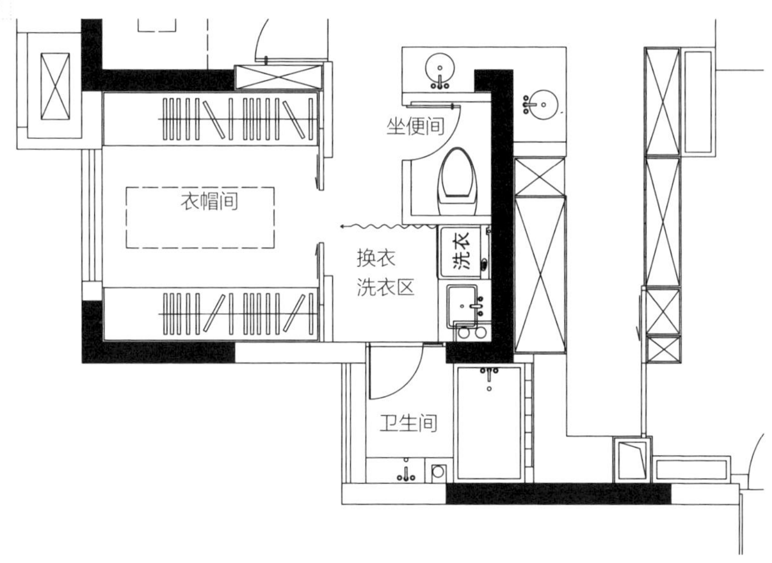

玄关入户洗漱兼
大人入户洗漱

孩子洗漱台

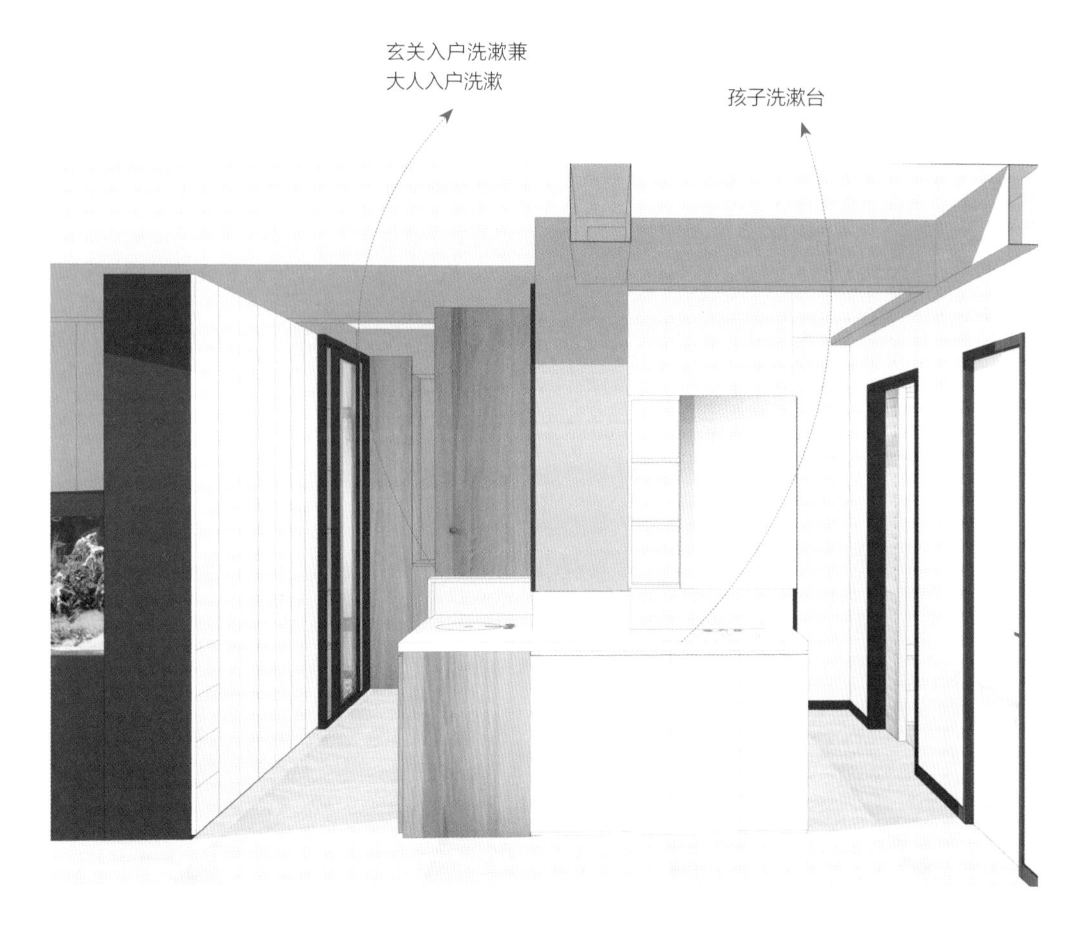

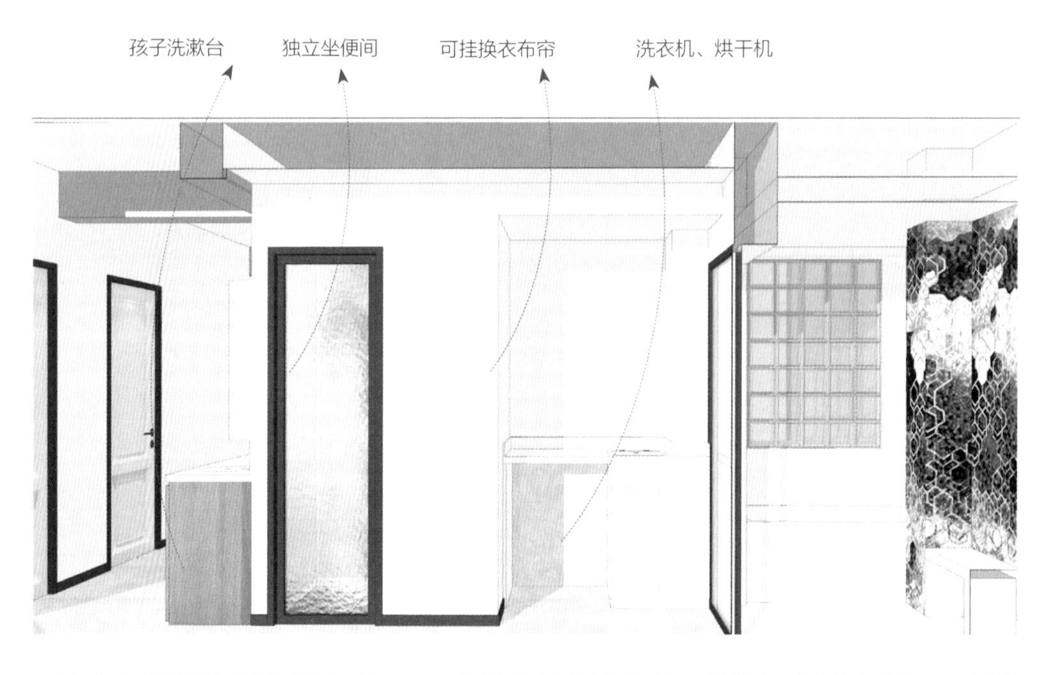

重点 4 奇妙的空间腾挪和借用

三个卧室面积都不大，虽然有了家庭衣帽间，儿子房离得最近，可以不要衣柜，但相对较远的女儿房和主卧还是需要配个小型衣柜。主卧配了衣柜后，床头柜都放不下；女儿房只能放个小书桌；儿子房实在太小，只有 6m^2，只能放个小书桌，连转身的空间也没有了。改造时将左户原有客厅作为男女主人的主卧室，并拆除女儿房与主卧室原有隔墙做了双向衣柜。将女儿房原有衣柜位置挪给儿子房，儿子房的床正好插入这个具有围合感的空间，使床尾到飘窗的空间更加开阔。

这样三个房间都满足了居住需求，女儿房虽然让出了部分面积，但实际使用起来感觉一点没变小，而儿子房和主卧明显变大了，这就是空间腾挪的魅力。

改造前

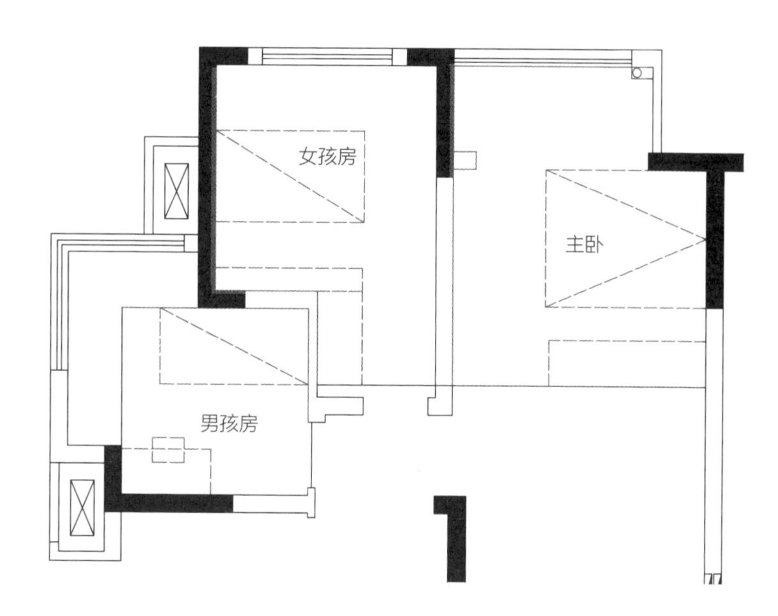
女孩房
主卧
男孩房

改造后

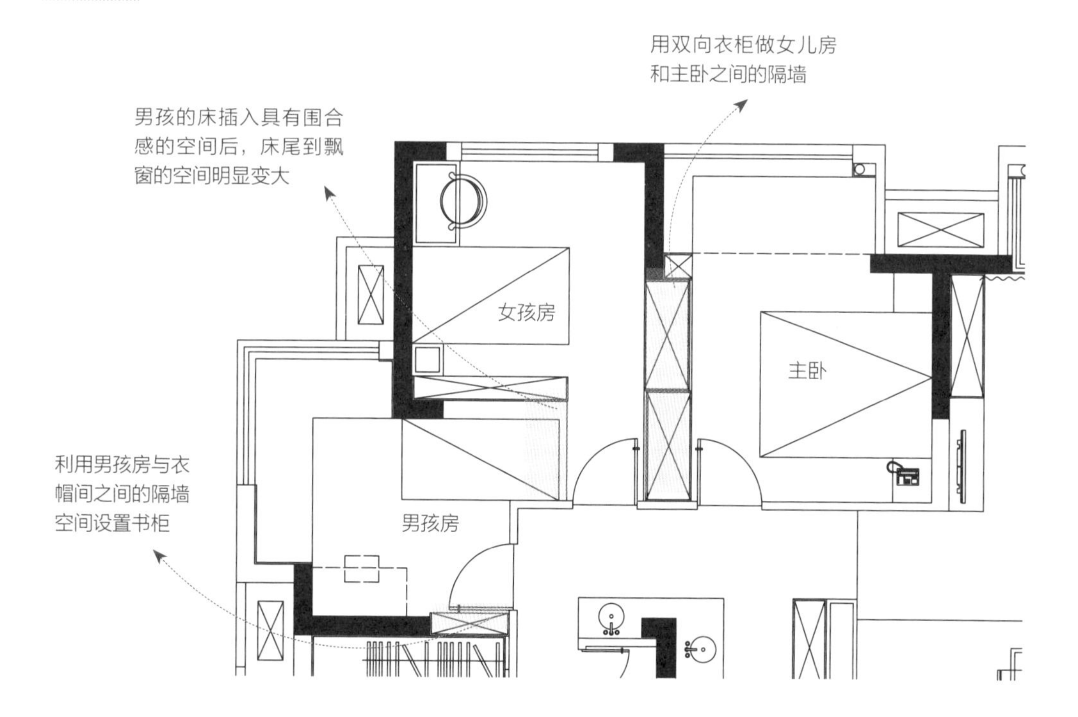
用双向衣柜做女儿房
和主卧之间的隔墙
男孩的床插入具有围合
感的空间后，床尾到飘
窗的空间明显变大
女孩房
主卧
利用男孩房与衣
帽间之间的隔墙
空间设置书柜
男孩房

重点5 回字形动线可以创造无限的空间可能

回字形动线创造了无限的空间可能，在不同的动线中走动时，可以感受空间高低、明暗、大小、宽窄、质感的变化。而对比、延续、呼应、抑扬顿挫的设计给人的感觉是宽敞的、新鲜的、有趣的和无穷无尽的。

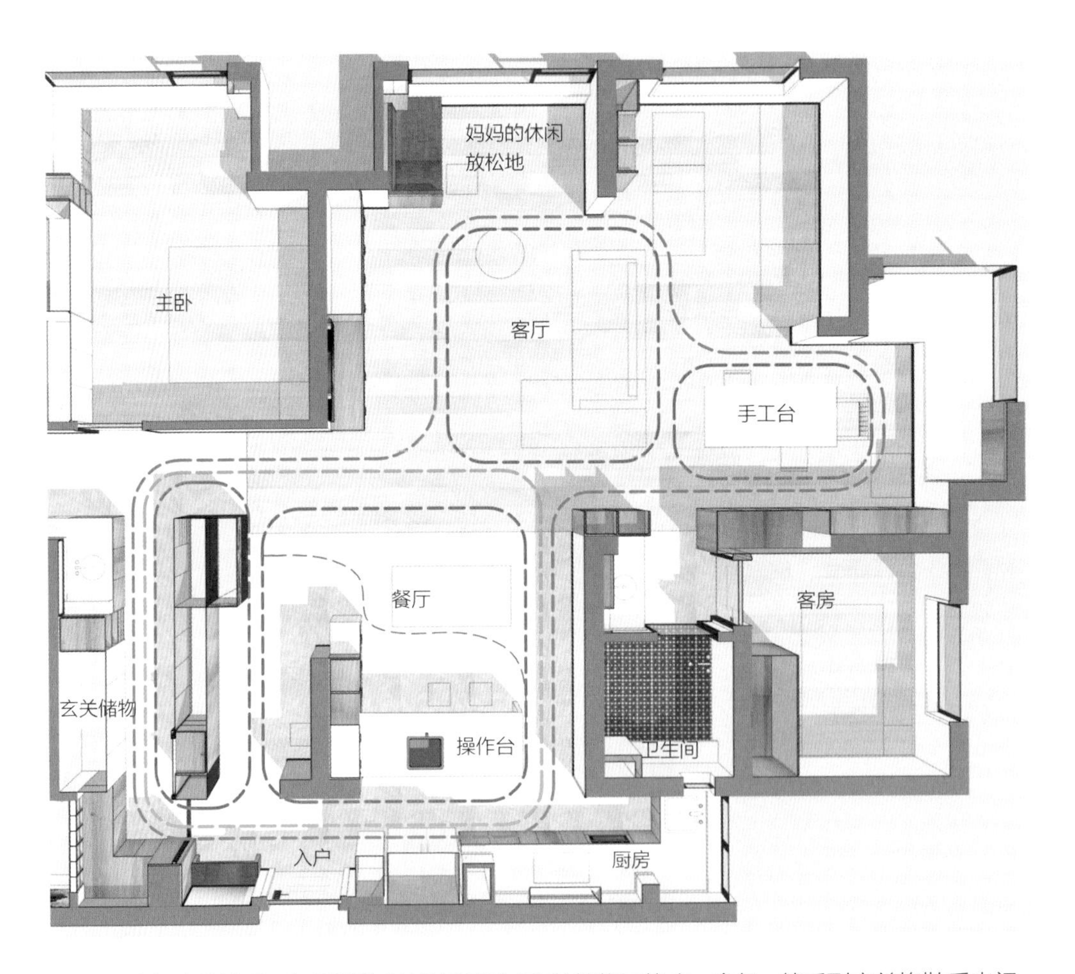

早上起床洗漱后，如果要外出就直接通过玄关储物区换衣、拿包，然后到玄关换鞋后出门；妈妈如果想做早饭可以从卧室去冰箱拿东西，再进入厨房，也可以通过餐厅到厨房；如果想荡秋千可以从沙发南面绕过去，顺便从书架上拿书，在秋千凳上看书。

总之，只要想好路线，各种动作都可以一气呵成，不用折返。回字形动线恰恰又是小孩的最爱，家里像迷宫，有无穷的奔跑路线、玩耍方式，这样妈妈只需在忙自己事情的同时，稍微关注下小孩就可以了，这样带小孩的辛苦也被大大减轻了。

重点 6 妈妈的中央控制台，开启愉快的亲子共处时光

女主人一个人要带两个小孩，如何轻松、便捷、高效地照看小孩的同时兼做其他工作是设计中要重点考虑的问题，妈妈需要一个中央控制室，坐在这个位置，一抬眼就能看到玩耍的小孩。

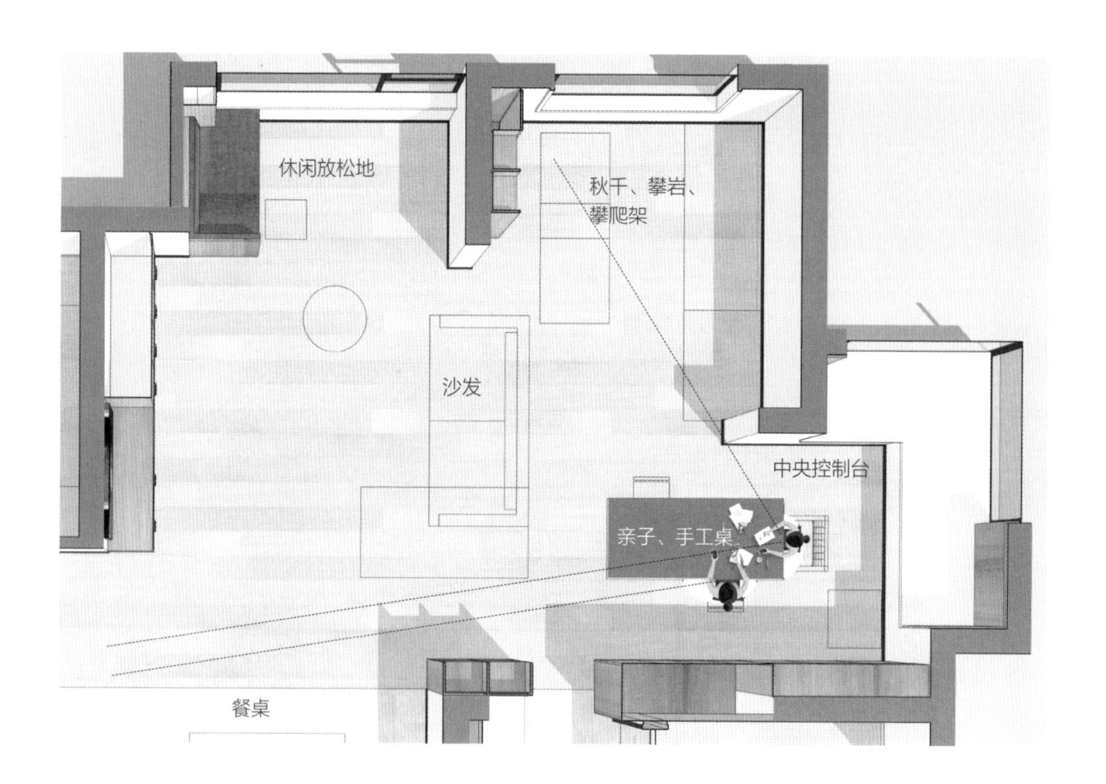

重点 7 妈妈的梦想休闲放松地

日本著名住宅设计师中村好文先生曾说：“每个家里，必须有一个培育自己梦的地方，一个能够独自一人毫无牵挂地沉浸于梦想的珍贵空间，还有一个有点昏暗的角落。”

我想，休闲放松地必须有以下几个特点：独立不受打扰，空间品质好，可以有各种活动方式，如坐、躺、站、动、看书、撸猫、养花、观景、喝茶、听音乐等。

把朝向最好的阳台位置留给妈妈做休闲放松地，把窗帘或者折叠移门拉上这里就是一个独立的空间，随时可以在此补回一天中消耗的能量。

妈妈的休闲放松地

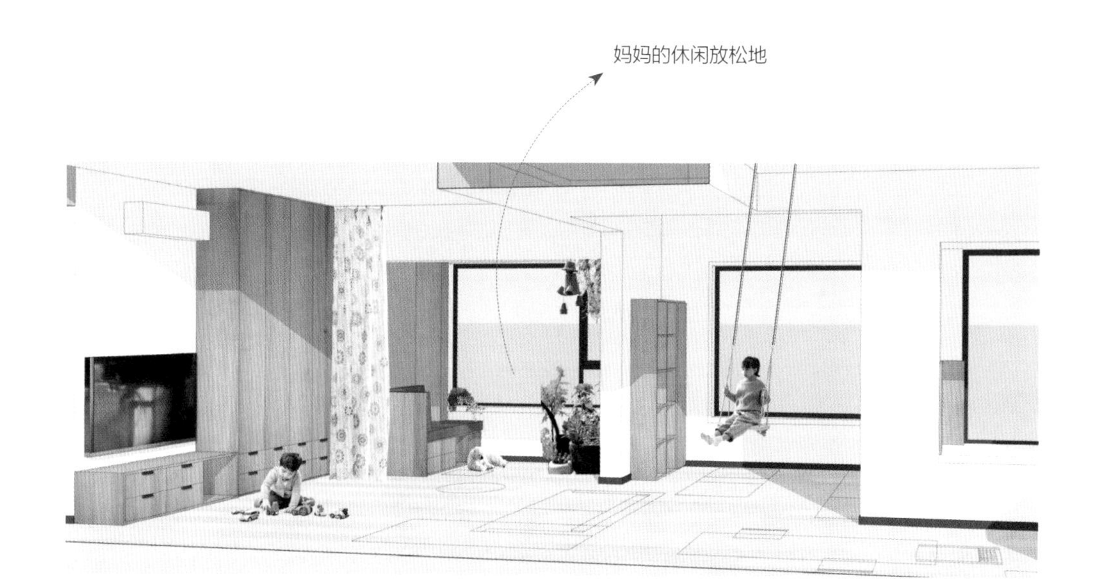

双玄关、回字形动线，化解进门见餐厅的突兀感

| 面积：套内 107 m^2 | 房屋类型：平层住宅 | 居住成员：夫妇两人、9 岁女儿、3 岁儿子 | 位置：福建晋江 |

改造前

此户型的玄关、厨房、餐厅布置得非常紧凑，可更改的余地不大。但是玄关部分收纳空间不足，开门即见餐厅的缺点也是显而易见的。

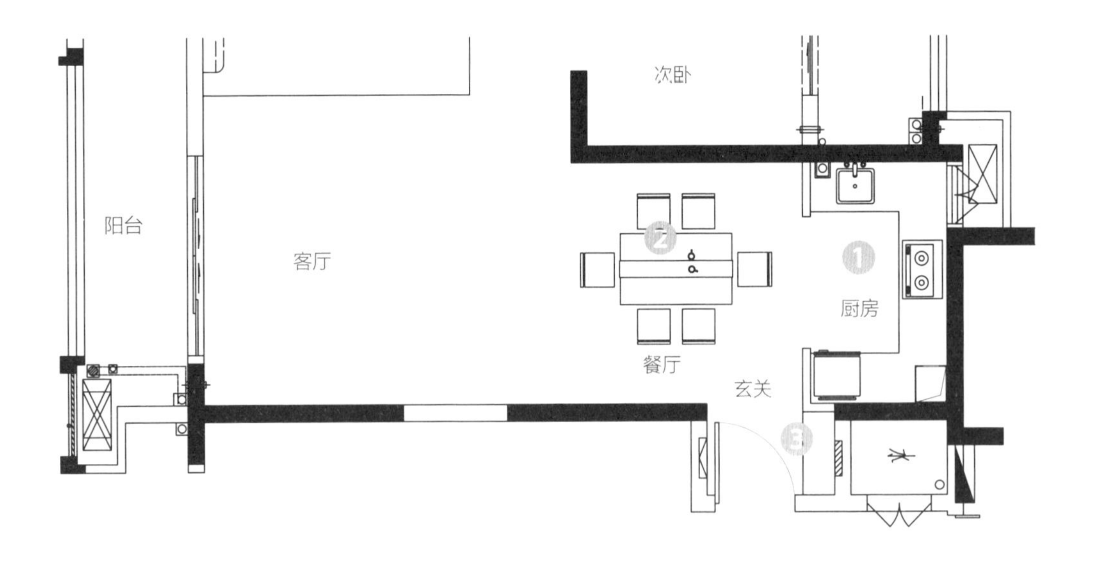

问题

1 ▸ 厨房比较小

2 ▸ 开门见餐厅

3 ▸ 玄关收纳空间不足

改造后

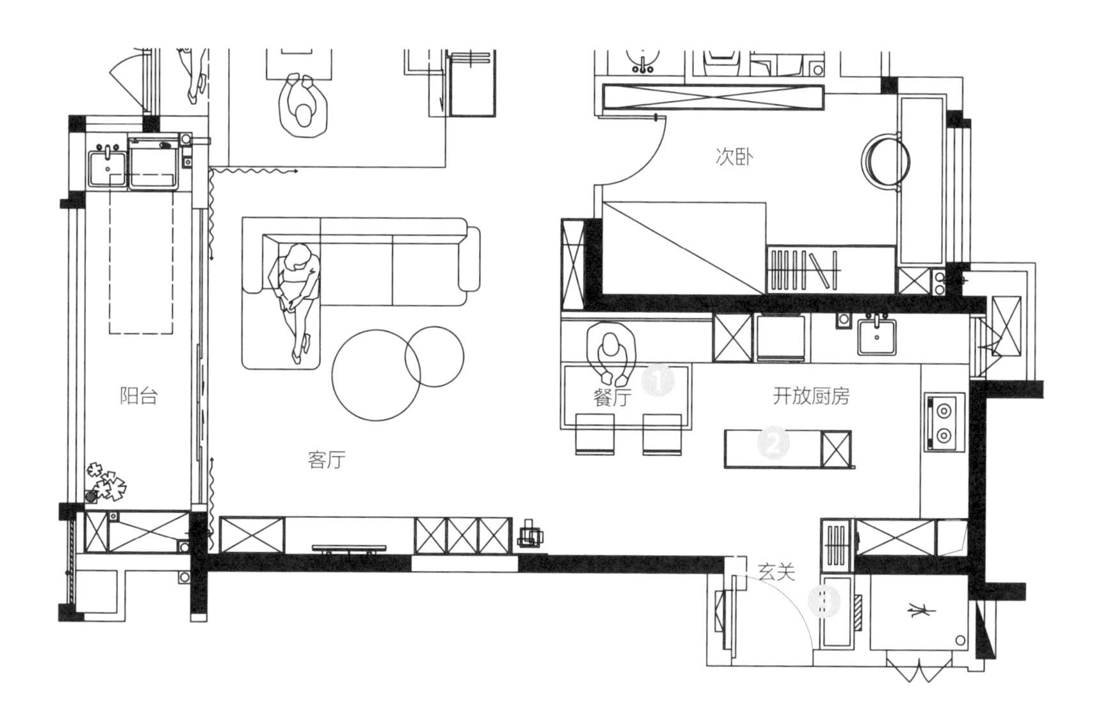

1. ▸ 增加储物高柜，巧妙设置卡座，餐厅过道扩大
2. ▸ 小家电区兼入户屏风，移门可遮挡访客视线及厨房油烟
3. ▸ 玄关增加储物衣柜和鞋柜，增加壁挂换鞋凳

屋主需求清单（入户部分）

- ☑ 改变入门即见餐厅的现状。
- ☑ 希望厨房的操作空间大，收纳能力强。
- ☑ 插座分配合理、取物方便灵活。

设计师格局改造重点

重点1 玻璃隔断结合厨房小家电柜面，打造灵活双动线

主人在玄关换鞋、换衣后，可直接进入客厅，也可以右转到玄关储物柜放东西，或者在厨房放菜、洗手后进入客厅。玄关、厨房、餐厅间的洄游动线使烧菜、清洗、收纳等家务轻松、使捷、有趣。

入户第一眼看到的是有个性的玄关而不是杂乱的餐厅

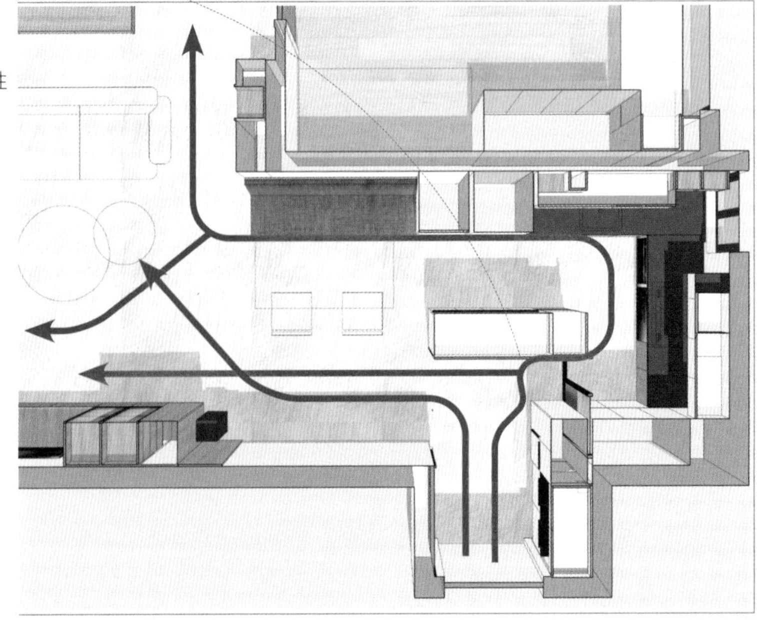

重点 2 在玄关增加了衣柜和储物柜，收纳容量增加三倍

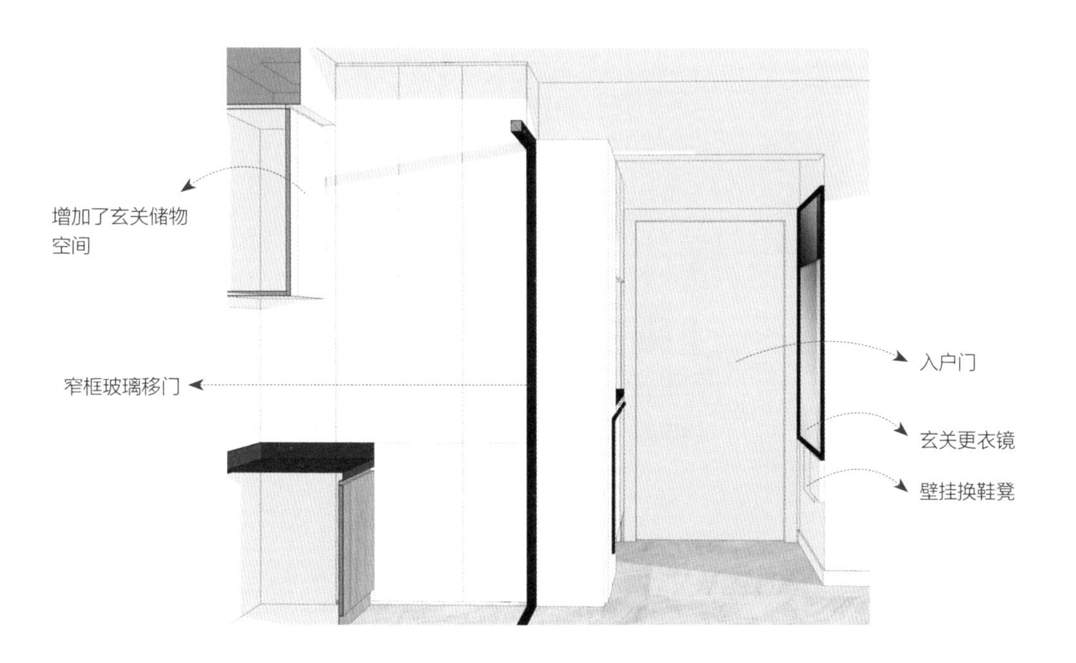

重点 3 活动移门，提升空间自由度

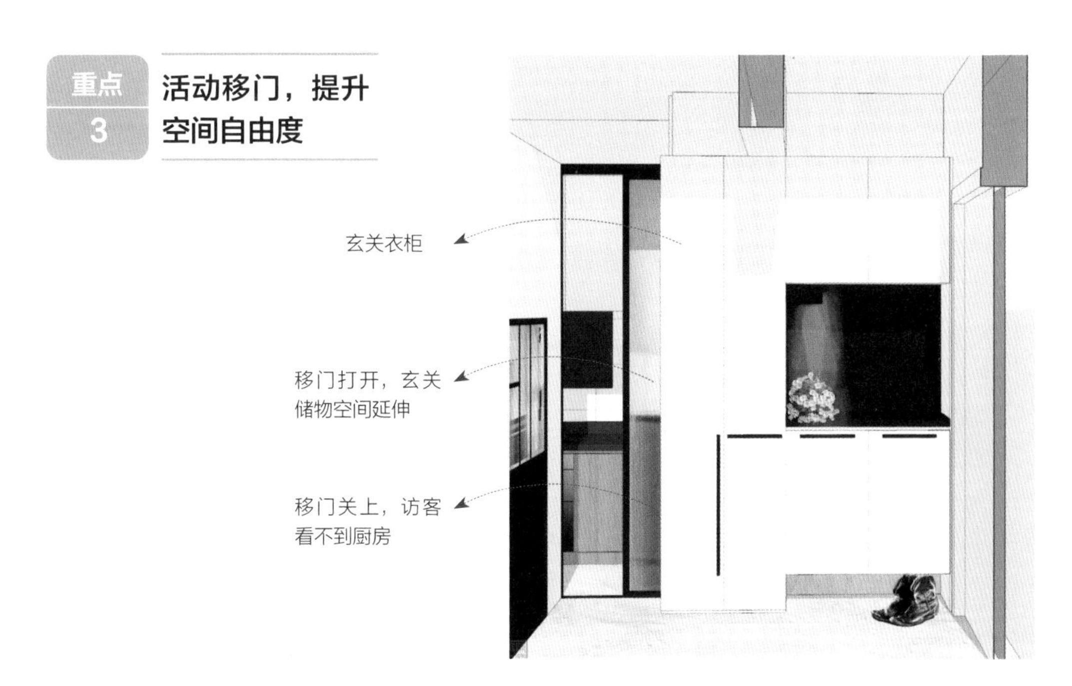

重点 4 玄关合并过道，由窄而宽导引视线展开

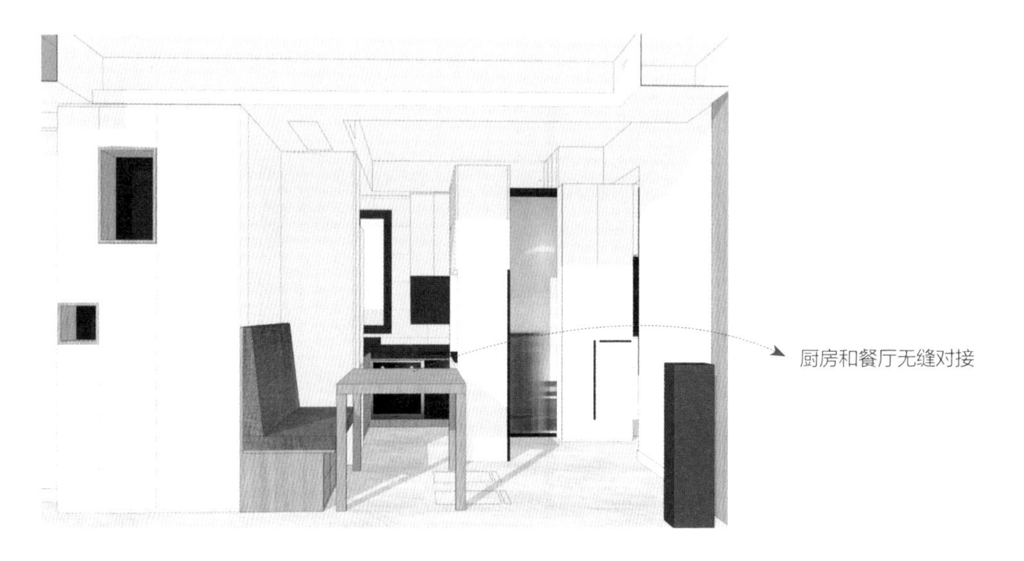

重点 5 利用靠墙卡座收缩用餐空间

利用储物卡座缩小餐厅实际占用面积，这样进入客厅的过道宽度由原来的 1200 mm 增加到 1500 mm，从稍狭窄的入户过道转到宽敞的餐厅空间，让小空间豁然开朗。

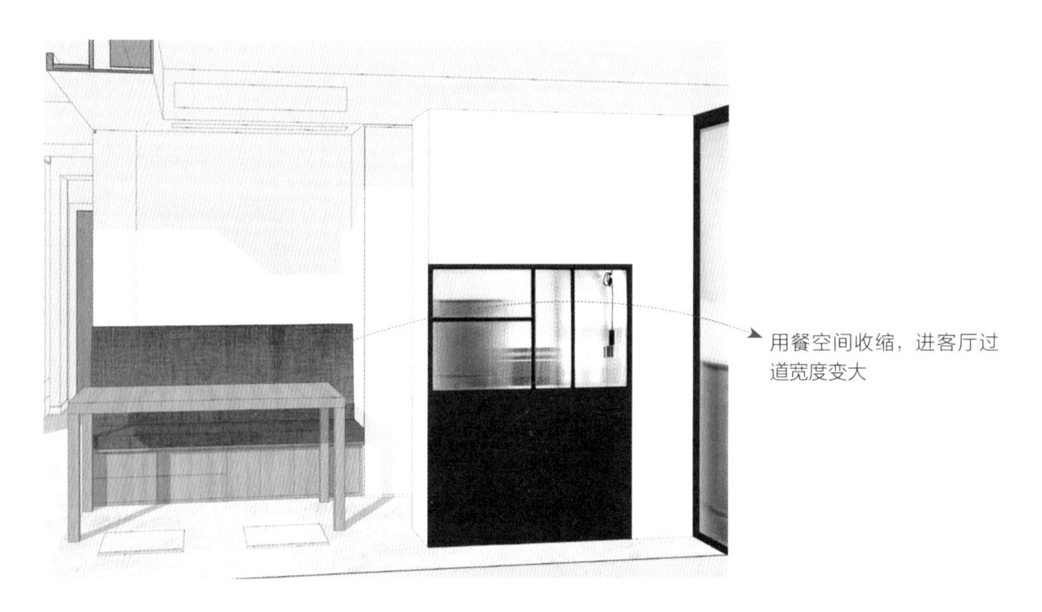

重点 6 半开放式设计，人在厨房可同时照应就餐区

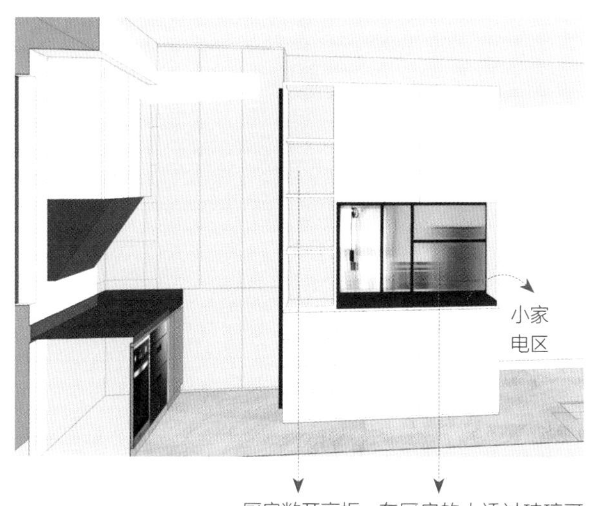

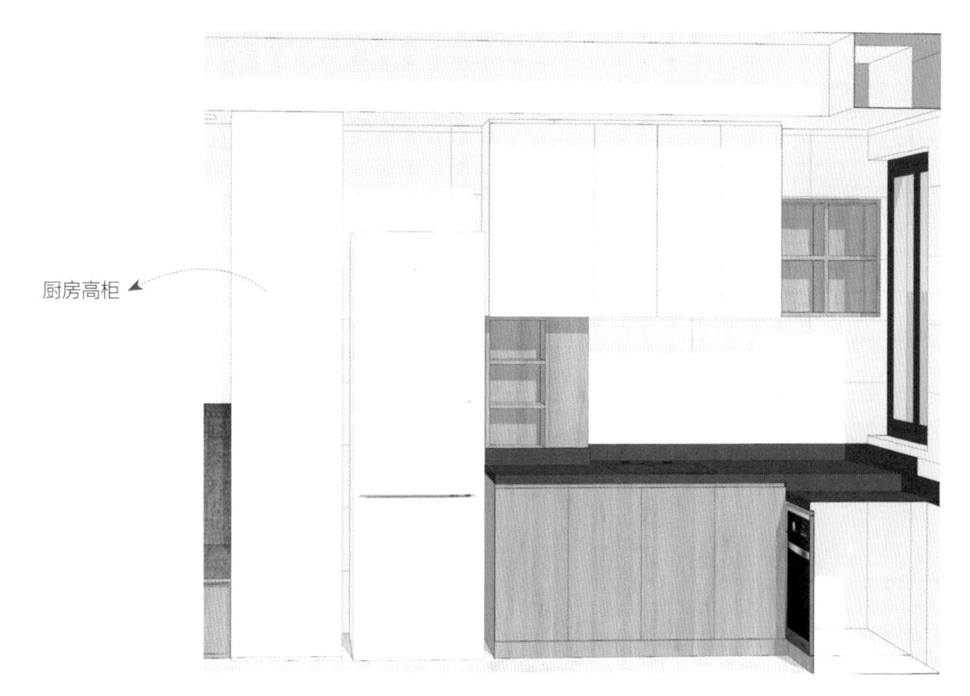

虚实对比，打造出可居可赏的好运宅

| 面积：套内 86 m^2 | 房屋类型：商住 LOFT | 居住成员：处女座珠宝设计师 | 位置：江苏苏州 |

改造前

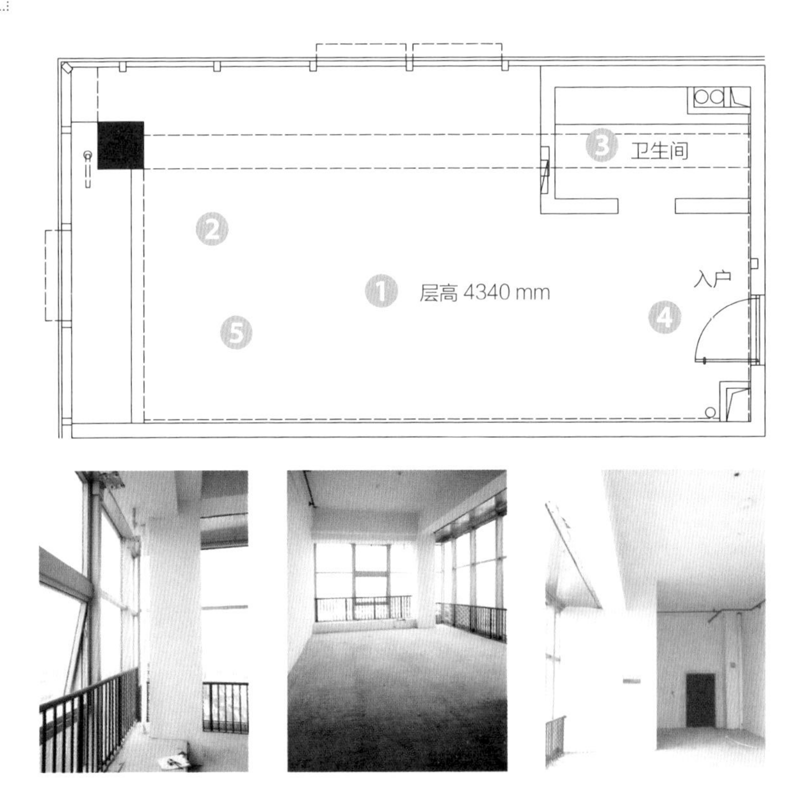

问题

① ▸ 层高 4340 mm，去掉地板和楼板净高为 4170 mm，均分两层显压抑

② ▸ 缺少客卧空间

③ ▸ 采光充足，卫生间位置却显阴暗

④ ▸ 缺少入户玄关

⑤ ▸ 楼梯位置和楼梯形式有待确定

改造后

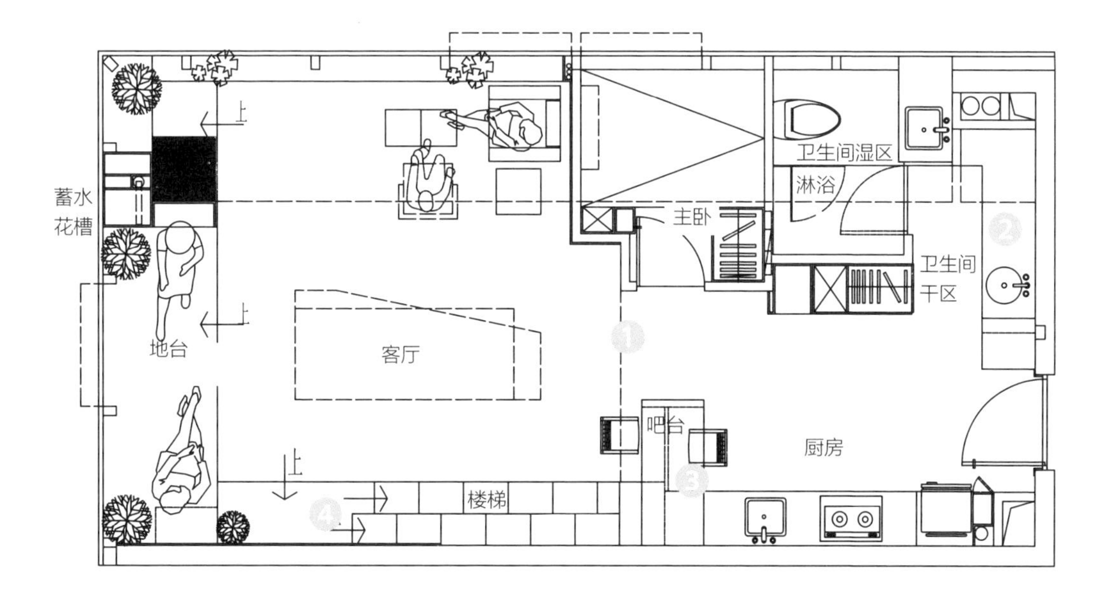

1 ▶ 灵活界定，分隔生活区、工作区与客房区

2 ▶ 卫生间做干湿分离，利用超大镜面反射光线， 增加空间亮度和开阔感

3 ▶ 巧妙设置餐吧，替代普通玄关，拓展视觉空间

4 ▶ 设计靠墙带储物功能的极简楼梯，增加功能性的同时又不乏设计感

屋主需求清单

- ☑ 一个月可能会有不到十天会来此处工作、生活，有些时段会有朋友或客户来访。
- ☑ 需要简单的厨房和餐厅，需要两间卧室。
- ☑ 储物空间要充足。
- ☑ 喜欢养花，希望家中被绿植围绕。

设计师格局改造重点

重点1 利用层高在局部做隔层处理，区分生活区和工作区

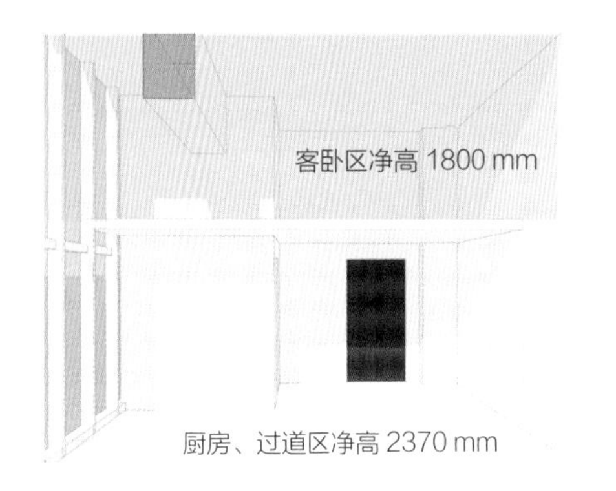

生活的便利性、舒适性是设计首先要考虑的，本案利用层高优势局部做了隔层设计，一层高度为 237 mm，二层高度为 1800 mm，将厨房、过道、客卧等放在隔层区，主要生活、工作空间放在挑空区。窄设计、宽视野的设计方法给进入者一种豁然开朗的感觉。

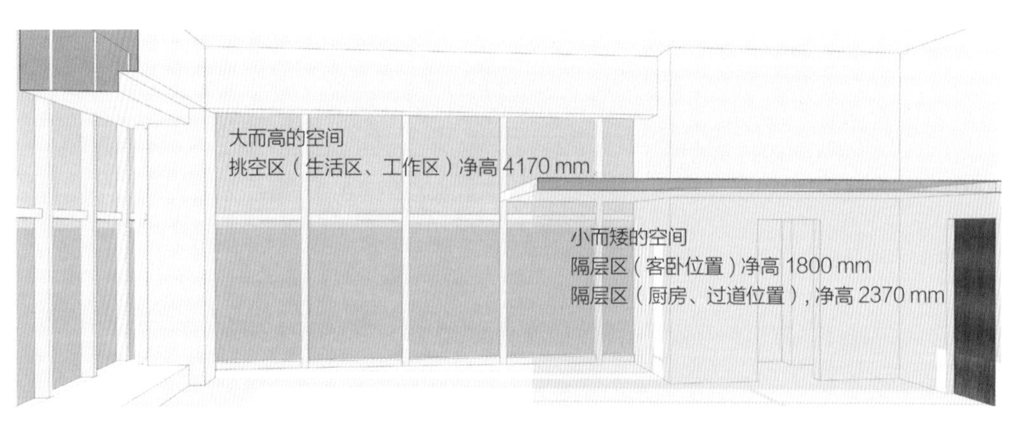

重点2 面积的分配及位置的分配

“疏可走马，密不透风，计白当黑，奇趣乃出”本来是对书画艺术的总结和引导，用在家居设计上，就是分配问题，如面积的分配及位置的分配，哪些功能区域要多给点面积，哪些功能区域少给点面积。

停留时间短、心理价值低的空间，如过道空间、储物空间、家政空间、卫浴空间等，面积上满足基本需求即可。厨房位置结合了玄关、厨房、餐厅、主要通道、卫生间干区等，在功能使用上没有一点狭窄感，此区域的面积只有 8.23 m^2，设计后给人的感觉是实际面积的三倍甚至四倍大。

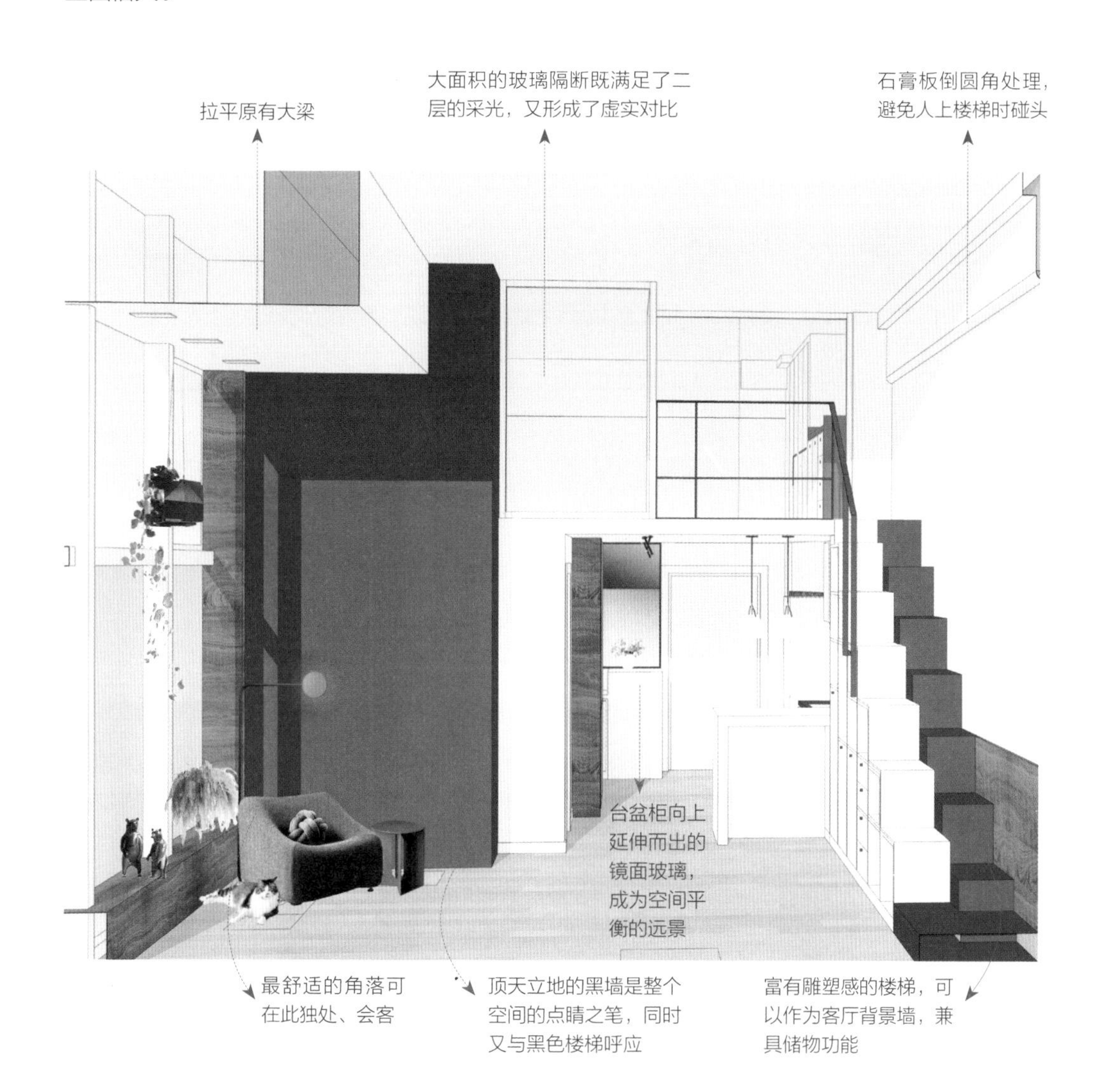

重点 3 在设计中巧妙地运用穿插的设计手法

穿插的设计手法有两种方式，一种是“藕断丝连式”，一种是“宝剑入鞘式”，两种都能变相地扩大空间，给空间以生命力。

“藕断丝连式”被运用在橱柜台面、二楼盥洗台面、楼梯扶手及楼梯黑色部分，如胡桃木材质左右之间的穿插，白色柜体上下之间的穿插。

“宝剑入鞘式”被运用在白色储物楼梯与客厅空间之间的穿插，客厅与次卧之间通过二楼过道的穿插，吧台与过道之间的穿插，楼梯黑色部分与胡桃木护墙板、地台的穿插，楼梯黑白部分的视觉穿插。

保证全屋的通风和采光是做好玄关设计的关键

横向延伸出的餐吧完美地解决了玄关的问题，既满足了业主对功能的需要，又起到了屏障的作用，同时也自然分隔了厨房和餐厅。黑白色调对比，给人以干净清爽的感觉。

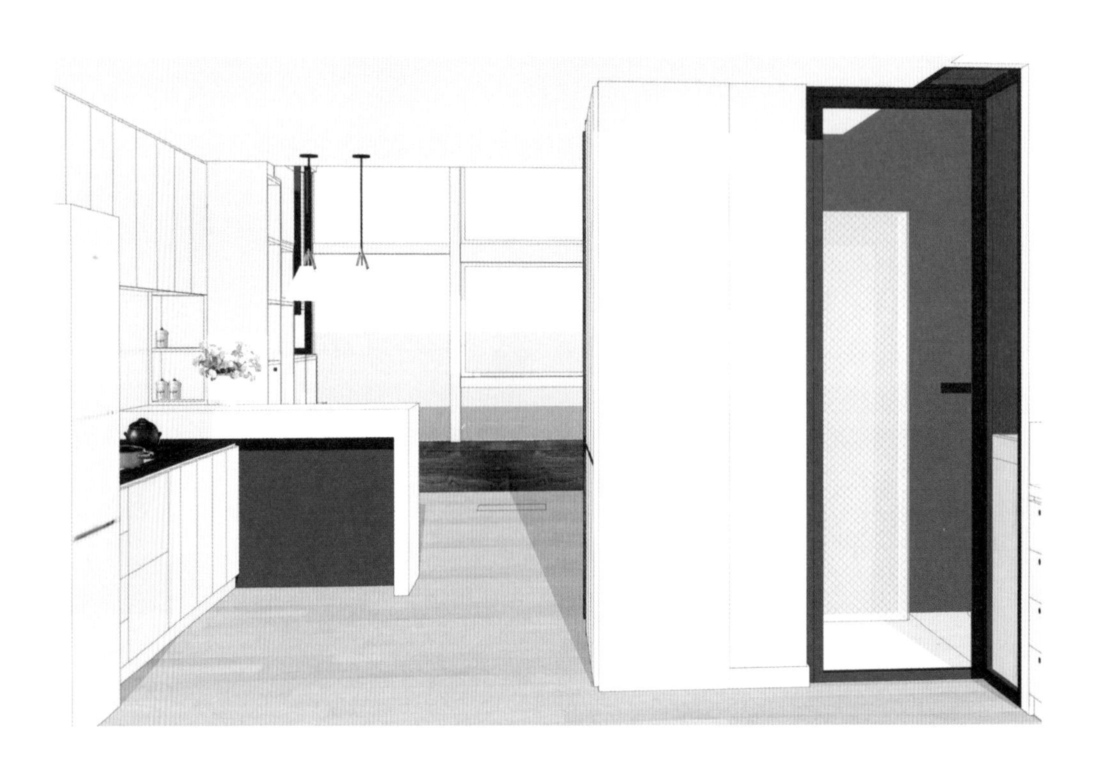

重点 5 白色衣柜，让卧室充满时尚的气息

干净利落的白色衣柜，让整个空间看起来随性又不失现代感。白色让空间看起来更为宽敞，它与黑色的灯具形成强烈的对比，使空间显得更加有格调。

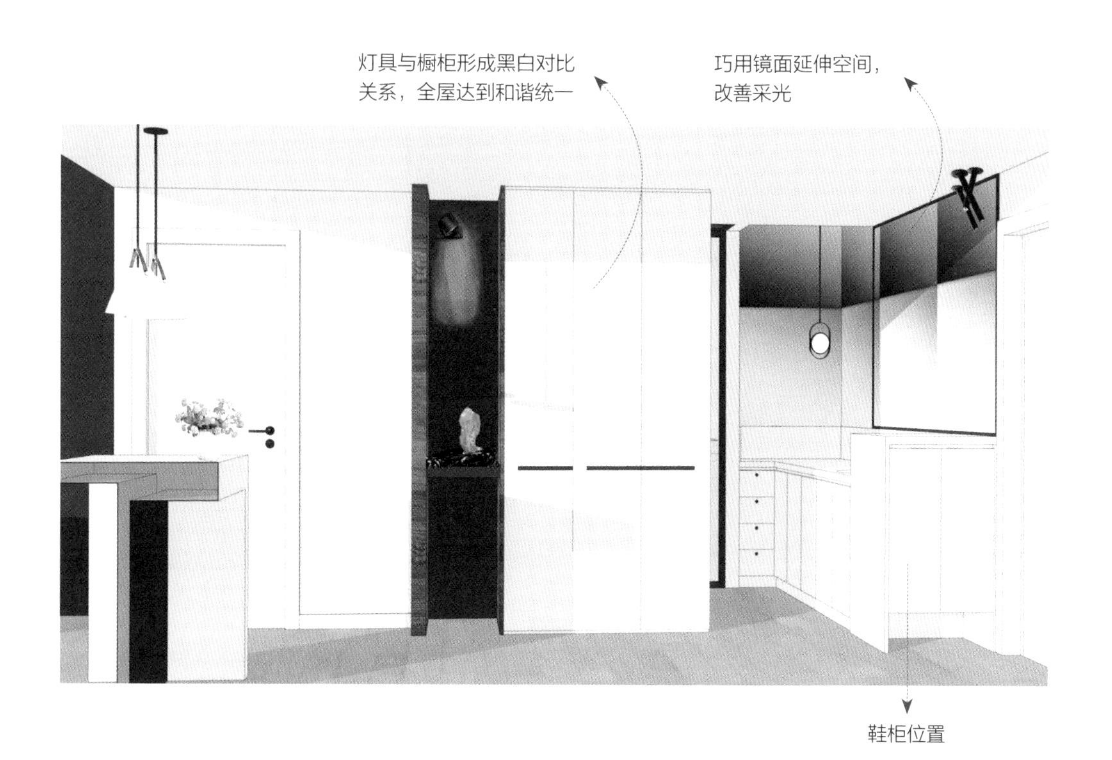

重点 6 隐形淋浴房使小空间变宽敞

干区外移后，卫生间淋浴区的面积相应变小了。玻璃推门打开时，能防止洗澡水溅到隔壁空间；关闭时，隔断靠墙可以作为玻璃装饰品。地漏装在左右两个角落，地面适当增加排水坡度。

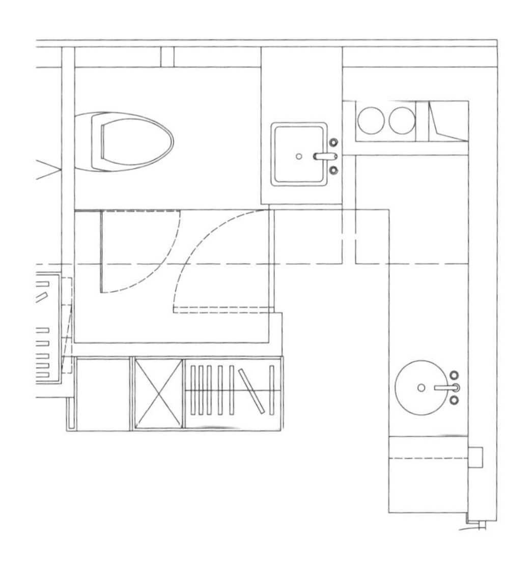

3510 mm 高的挑高空间搭配黑白对比色，内敛与张扬共存

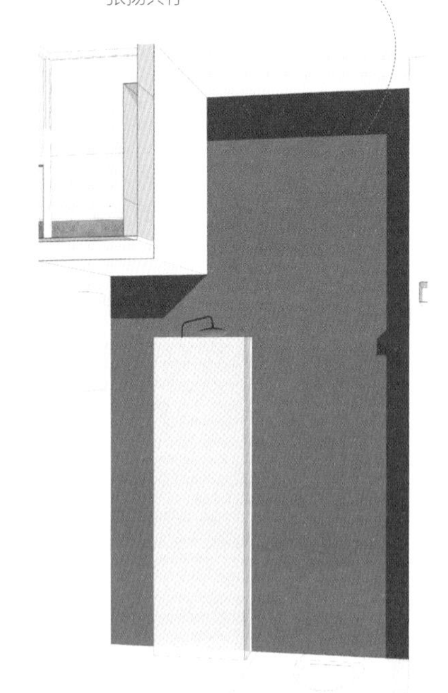

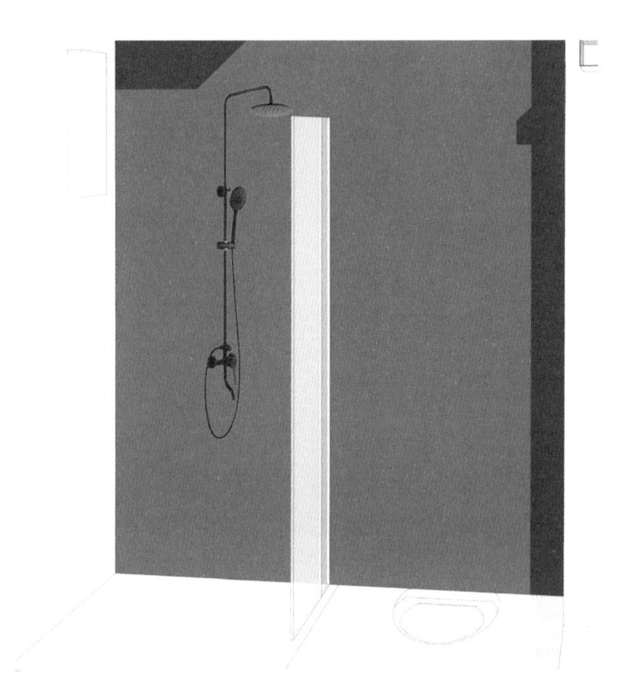

重点 7 卫生间大量使用玻璃和镜面材质，营造狭小空间的宽敞通透感

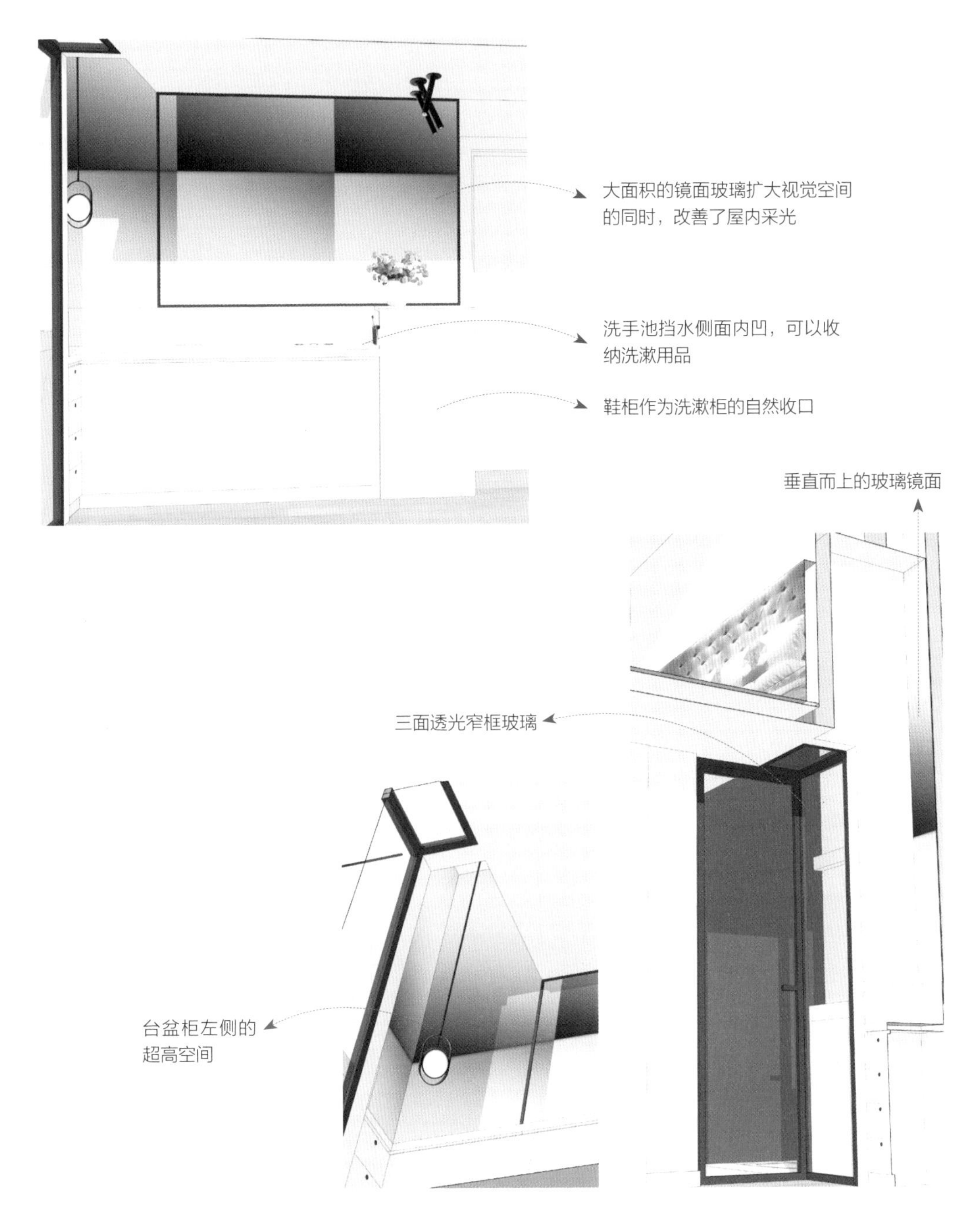

重点 8 能收纳的楼梯，储物能力惊人

楼梯由三部分组成：黑色楼梯、白色楼梯、储物柜。黑白楼梯时遮时透，富有情趣。极简扶手的设计，更衬托出整个空间的高贵和雅致。

楼梯的白色部分是橱柜的延伸，厨房空间和客厅空间相互穿插，胡桃木从窗边地台延伸到楼梯墙，与楼梯穿插，空间无限回转。

黑色台阶延伸、扩展，自然形成摆花地台

重点 9 当生活中有了设计，处处都是美

梁柱、胡桃木、绿植产生的围合感，让人感觉安心、温暖

L 形贴柱布置的黑色书架及种花台阶，把白色柱子化为无形

用高低错落、自由随意摆放的绿植，给喜欢种花的业主打造一个世外桃源

用麻绳缠绕竖管，在竖管边贴柱位置加一个木篱笆，下面用黑色人造石做一个蓄水花槽，种上爬藤植物如山乌龟、金银花之类，此处便成了一个充满生机和神秘感的半藏空间

柱边陈列架、地台解决了屋主随手置物及陈列的需求，也自然化解了大体量柱子的生硬感

多元化利用空间，让 48 m² 空间变身幸福三居

| 面积：套内 48 m² 和可以局部利用的坡顶半暗阁楼 | 户型：2 室 1 厅 1 厨 1 卫 | 居住成员：夫妇两人、两个女儿（大女儿小学四年级，小女儿两岁）、爷爷、奶奶 | 位置：上海 |

改造前

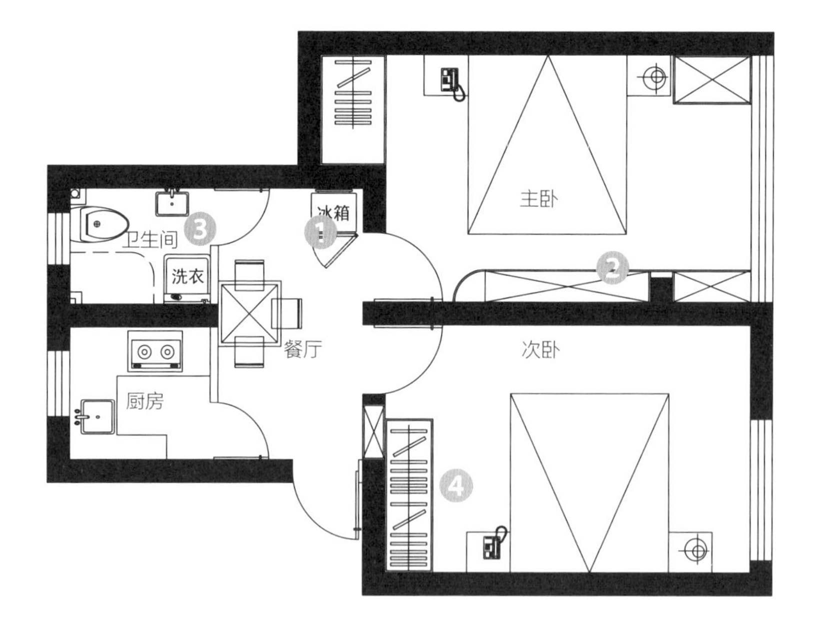

问题

① ▸ 冰箱正对入户门

② ▸ 主卧的储物柜让整个房间显得压抑

③ ▸ 卫生间狭小

④ ▸ 次卧上面有个半暗阁楼，没用利用起来

改造后

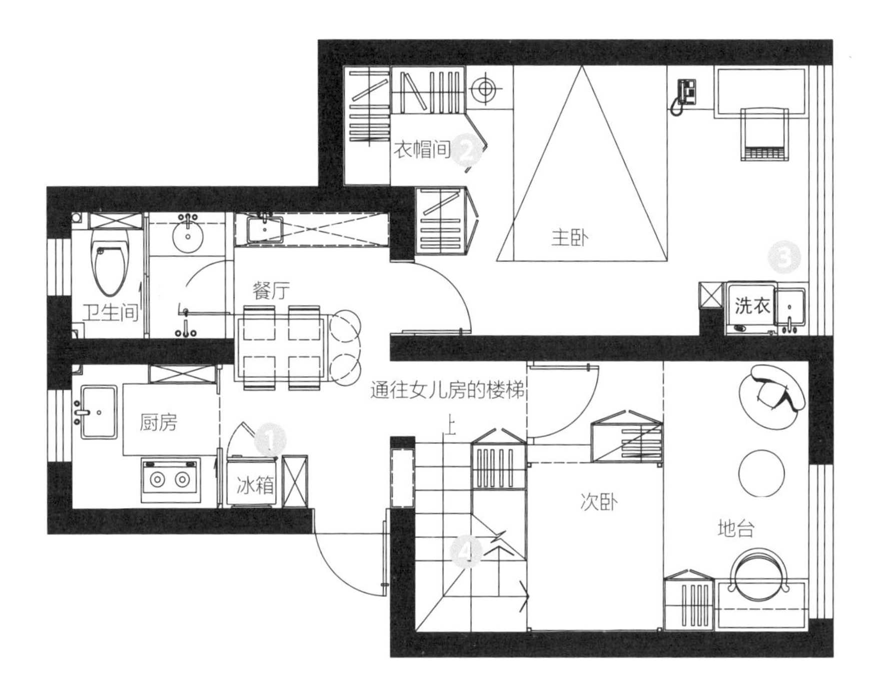

破解

1. ▸ 将冰箱移到厨房附近，更方便日常取物
2. ▸ 在主卧侧面设置衣帽间，收纳容量加大
3. ▸ 将洗衣机移到主卧阳台，巧妙改善卫生间布局，方便家人日常使用
4. ▸ 利用空间折叠法打造儿童房

屋主需求清单

- ☑ 由于原始房型无客厅，屋主希望能有一个家人休闲互动的空间。
- ☑ 每个人都可以有自己相对私密、舒服的睡眠空间。
- ☑ 尽可能多地增加收纳空间，让所有物品可以得到合理的收纳。
- ☑ 衣帽间里的衣物可以有序地自然悬挂。
- ☑ 两个孩子和大人都有自己的读书、学习空间，希望能有一个亲子共读的空间。
- ☑ 有现代、实用、整洁的厨房和餐厅。

设计师格局改造重点

重点 1 变更厨房门形式，是公共空间升级的关键

由于全屋几乎所有的墙都是承重墙，毫无腾挪的余地，在公共空间要满足一家六口洗漱、吃饭、储物的需求。改造时，设计师将厨房的门换成推拉门，将冰箱挪到鞋柜和推拉门的位置。将卫生间的洗衣机挪到主卧阳台，释放的空间用于淋浴，增加了空间的利用率。

改造前

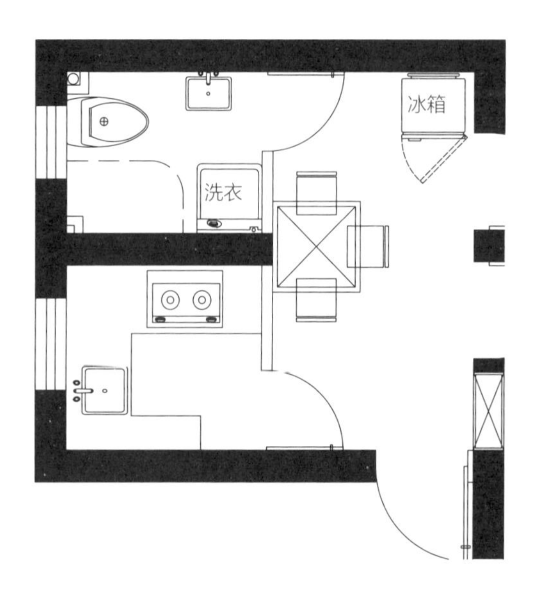

改造后

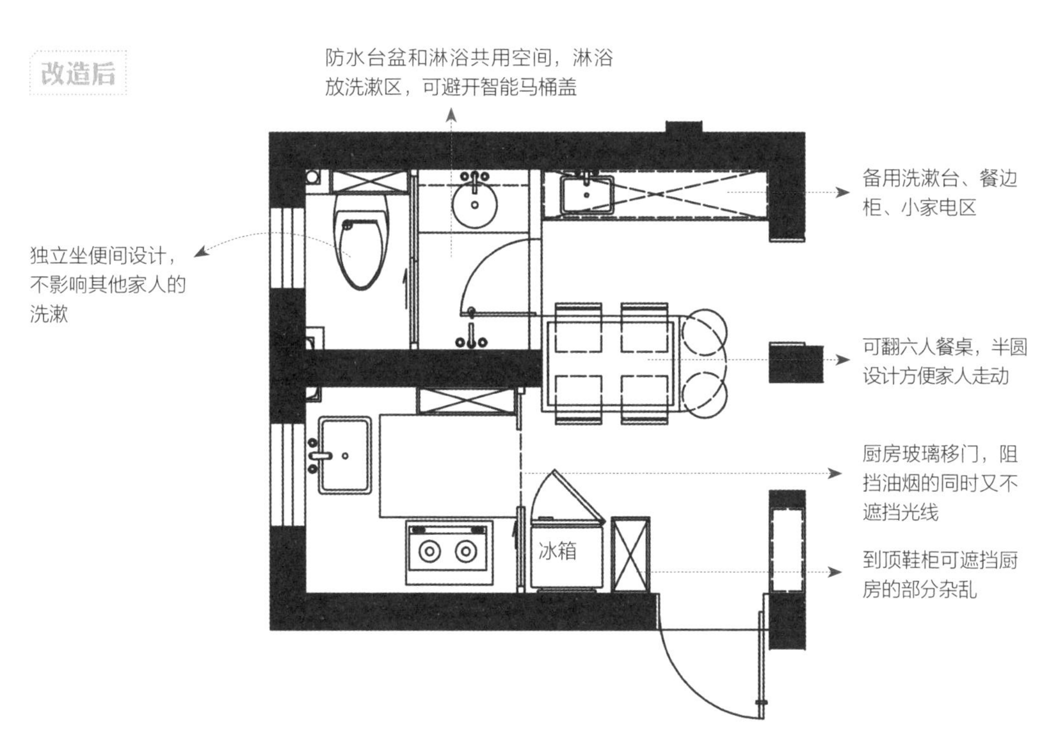

餐边柜兼西厨小家电区，是入户的第一视觉中心。餐边柜洗漱台可作为卫生间洗漱的补充

适合六人吃饭的餐桌，餐桌的过道一端设计成半圆形，这样餐桌距最近墙面有 350 mm 的距离，方便家人通过

充分利用玄关柜、顶柜空间

用最小改变完美解决了冰箱的安置问题

重点 2 衣柜改成衣帽间，充分利用主卧空间

原主卧床对面设了一排衣柜，显得主卧室相当压抑。重新改造后取消了床对面的储物柜，在床右边靠墙位置安排步入式衣帽间和顶柜，大大扩大了收纳空间。另外再将卫生间洗衣机移到主卧阳台，不仅缓解了卫生间空间不足的问题，还可兼洗漱柜，这样洗漱高峰期一家六口就不用抢了。

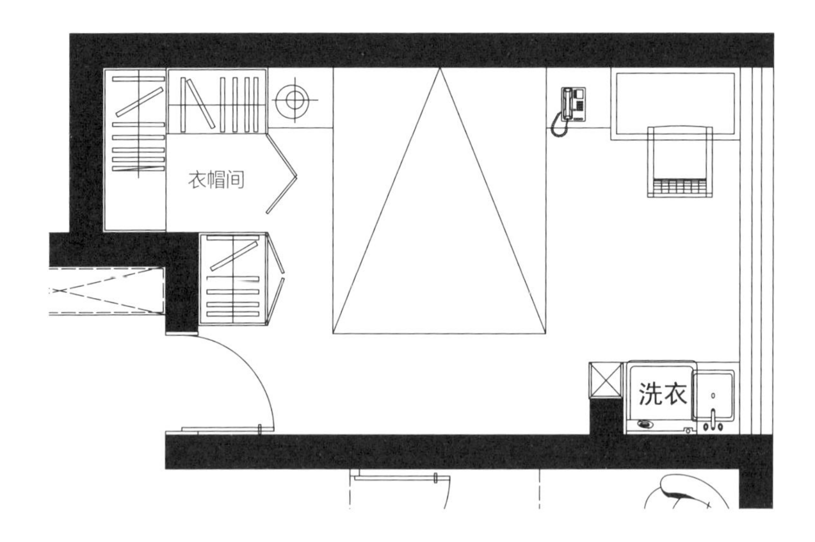

重点 3 用空间折叠法打造儿童房

在老人帮忙照顾小孩期间，主卧为老人房，业主夫妻俩和两个女儿睡在次卧。小空间设计，必须疏密相间，要巧妙利用空间折叠的方法考虑空间的设计，以使空间更宽敞。

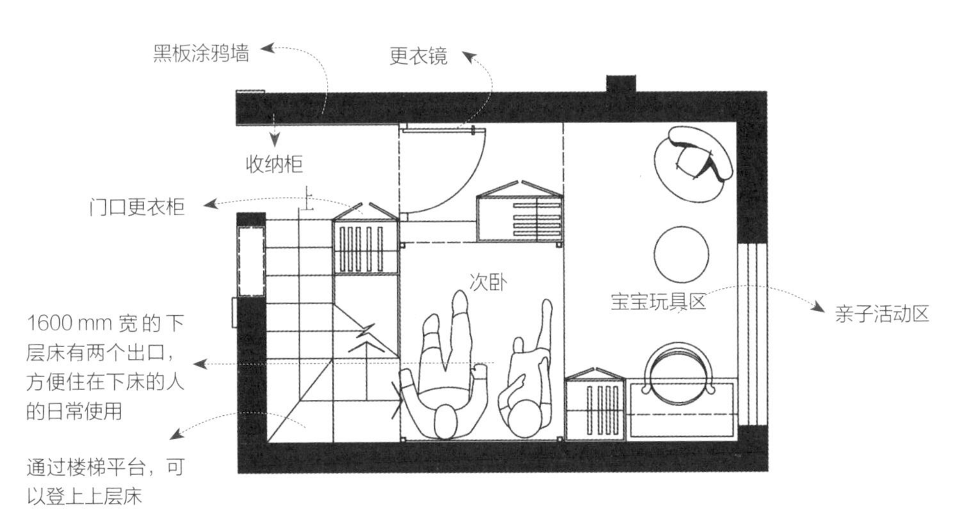

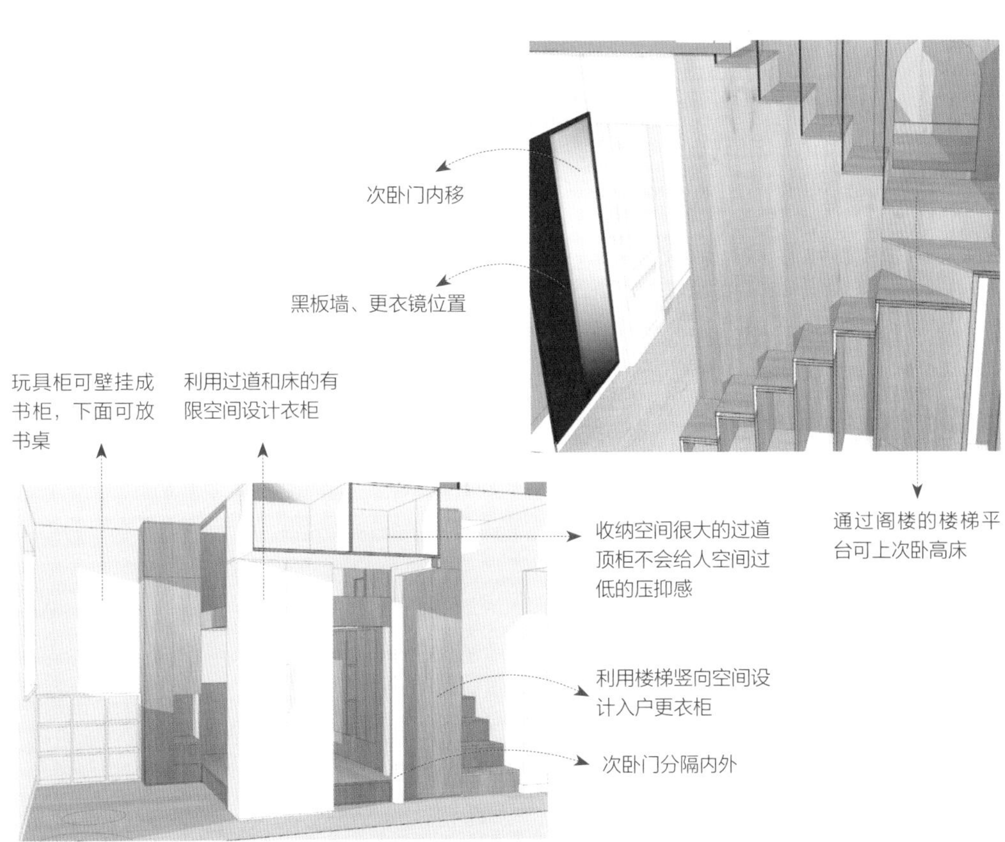

同一种户型的两种方案，诠释不同居住艺术

| 面积：每层95 m^2（共三层，这里只展示一层空间）| 房屋类型：联排别墅，并排对称两套 | 居住成员：A套夫妇两人、6岁男孩，B套夫妇两人、6岁男孩、爷爷奶奶 | 位置：上海 |

改造前

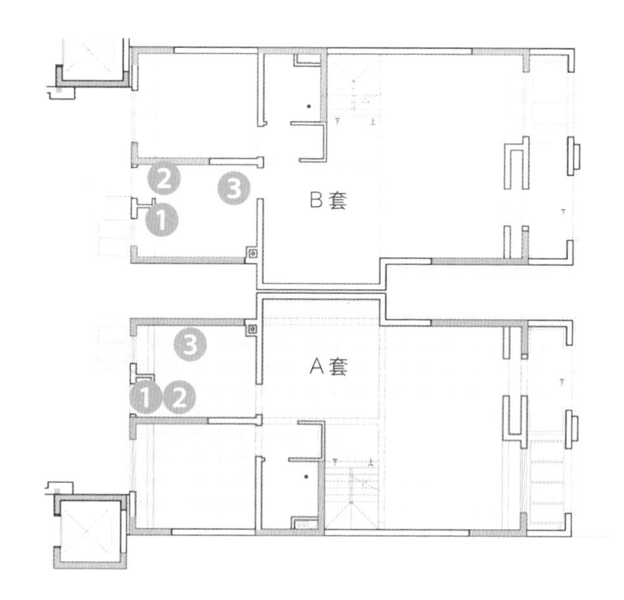

问题

A套

1. 入户走廊与厨房相连
2. 玄关储物空间太小
3. 厨房太小

B套

1. 厨房空间过小
2. 玄关储物空间不够
3. 入户空间过小，缺少别墅应有的大气感

改造后

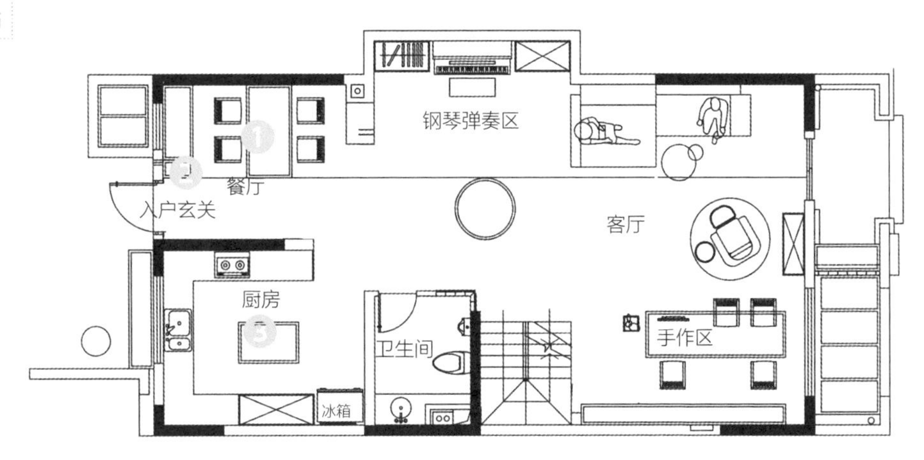

A 套

1. ▸ 将原来的厨房改成餐厅，拓展空间，整个住宅给人自由、大气的感觉
2. ▸ 增设鞋柜、入户随手柜
3. ▸ 将原来的卧室改成厨房，空间扩大，增加了中岛

改造后

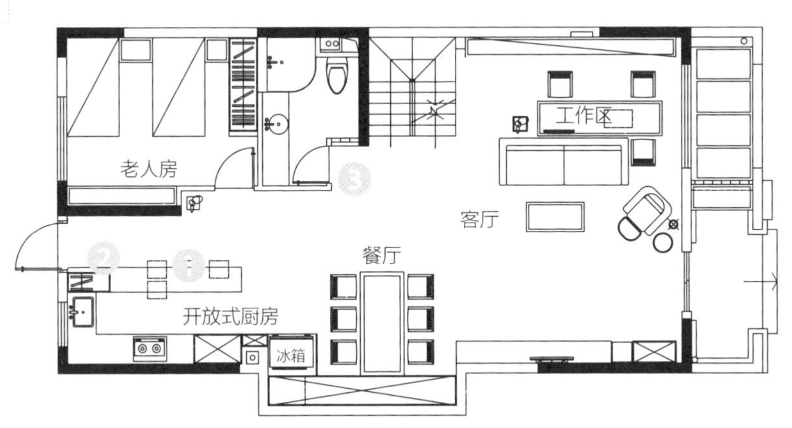

B 套

1. ▸ 充分利用过道空间设计吧台，既是入户视觉中心，又能自然分隔过道和厨房
2. ▸ 门口鞋柜、更衣柜可遮挡部分厨房
3. ▸ 卧室、卫生间墙部分内退，增大了公共区域的空间

屋主需求清单（一层）

A 套：

☑ 厨房空间太小，不希望一进门就是厨房。玄关换鞋处不要和厨房连在一起。

☑ 日常活动空间在一楼，可以聊天、听音乐、喝茶、插花、做手工，在沙发里窝着玩游戏。一楼也是工作的地方。

☑ 卧室空间够用。偶尔有朋友来家，有可以打地铺或者可以转换成临时卧室的某个空间。

B 套：

☑ 爷爷奶奶需要一个一楼的卧室。

☑ 其他需求同 A 套。

设计师格局改造重点

重点 1 原卧室改厨房，扩大各功能空间（A套）

进门直接见到厨房，厨房又不是特别宽敞，是该层最大的缺陷。而旁边的卧室只是作客卧，备而不用，实在是浪费，所以考虑将备用客卧放二楼和书房兼用，将一层的卧室改为厨房，原进门位置改为餐厅。

改造前

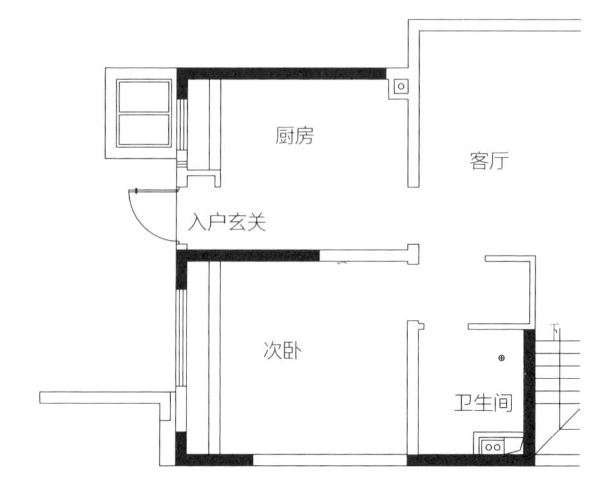

改造后

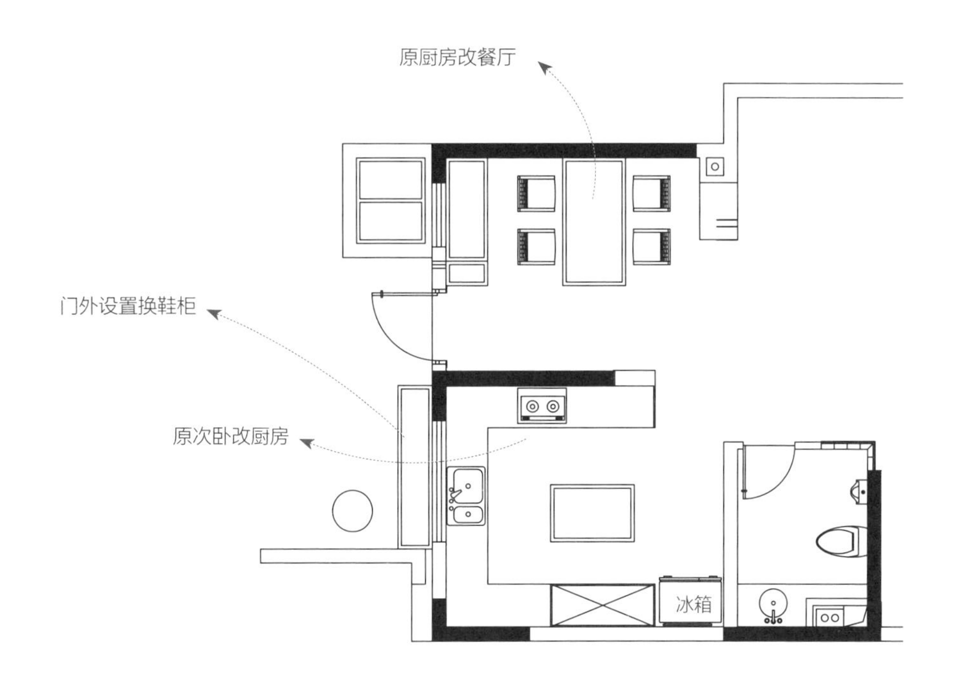

重点2 运用地面不同材质分隔功能空间，适合多种休闲、会客方式（A套）

通过地面不同材质的分隔使空间无限延伸，充满趣味，三重回字形动线又使空间加倍宽敞和实用，适合主人休闲、会客、工作等多种生活方式。

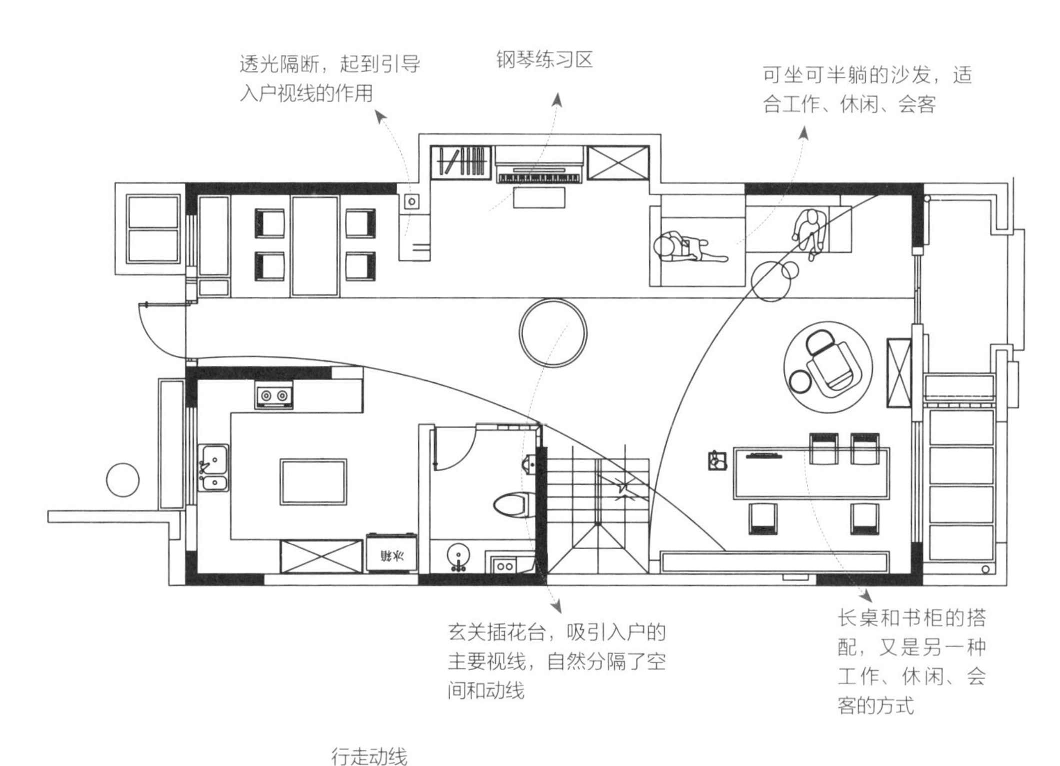

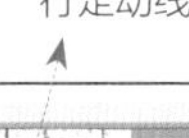

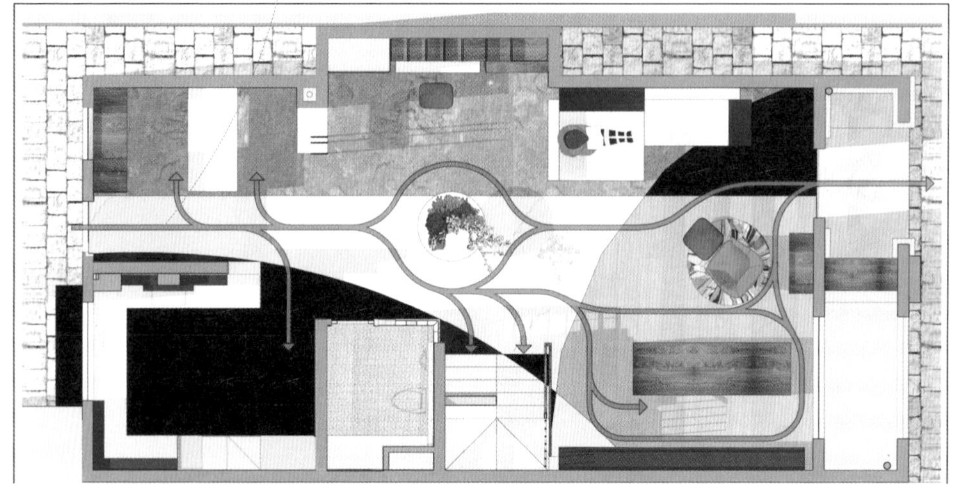

重点3 墙面逐级内退，打造趣味开敞空间（B套）

因为这套房子的业主需要在一楼留一个老人房，所以从厨房入户不可避免。如果一进门就毫无遮蔽地进入厨房，这感觉也实在是不好，而且空间分隔得比较小，毫无别墅的宽敞大气感。

为了最大限度地扩展空间，将厨房设计成半开放式的，并在入户第一视觉位置设计简约大气的吧台，作为入户视觉中心。将卧室、卫生间部分墙面逐级内退，使空间阶梯扩大，形成螺旋聚宝盆空间形态，增加空间的宽敞感及家庭凝聚力。

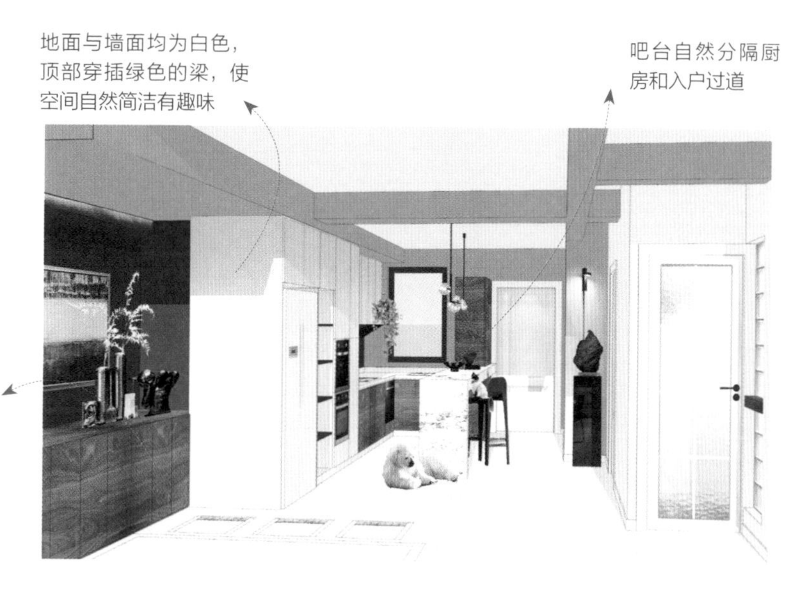

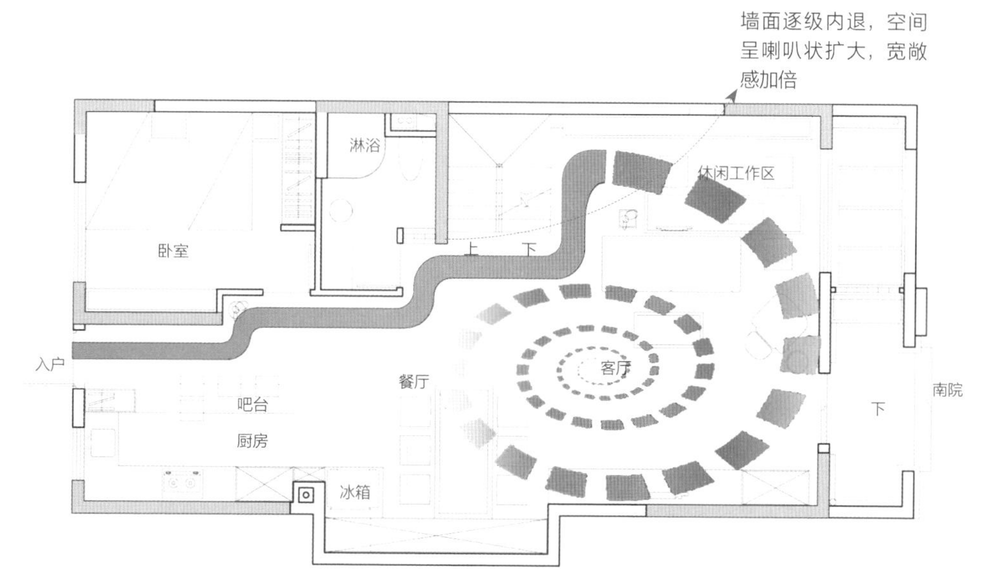